メダカ生活
はじめませんか？

馬場浩司 監修

ナツメ社

メダカを愛でる

小さくてかわいらしいメダカ。
何時間見ていても
飽きることは
ありません

「メダカの学校」

外敵から自分たちの身を守るため、メダカは群れをつくって泳ぎます

メダカ、その愛らしさ

泳いだり、食事をしたり、
眠ったり……
どの行動も愛らしく、
その魅力に
心奪われます

はじめに

　童謡『めだかの学校』で知られるように、メダカは日本人にとって昔から親しみ深い生き物です。棲息数の減少が問題となっていますが、小川や田んぼなど、流れの緩やかなところへ行けば、いまもメダカに会うことができます。

　体長約4センチメートルという小さな体を懸命に動かして力強く泳ぐ姿や、愛らしい表情、エサを食べる姿などに心惹かれる人は多いでしょう。近年はメダカの品種改良が進み、様々な色や形をしたメダカが誕生。自分の好みに合ったメダカを飼育できるのも、人気が高い理由のひとつです。

　メダカは比較的丈夫で、飼育しやすい生き物です。体も小さいので、場所を取らずに飼うことができますが、初めて飼う人にとってはわからないことだらけでしょう。そもそも何を用意すればいいのか、飼うときは何に気をつけたらよいのか、などです。

　しかし、難しいテクニックは決して必要ありません。基本を押さえていれば、子どもから大人まで、誰でも簡単に飼うことができます。

　本書は、初心者でも安心してメダカを飼育できるよう、基本的な飼育法を写真やイラストを交えてわかりやすく解説しています。メダカの飼育に必要な用具に加え、室内・屋外での飼い方のポイントを章を分けて解説しているので、自分の飼育スタイルに合わせて活用していただければ幸いです。

　さあ、メダカとの楽しい生活をはじめましょう。

本書の見方

本書は、メダカの飼い方の基本を解説する一冊です。文章での説明に加え、写真やイラストを使用して飼育法をわかりやすく解説しています。本ページを参考にし、本書を活用してください。

項目解説

各項目の解説文です。ここではメダカの飼い方に関する大事な情報を解説しているので、じっくりと読んでください

図版解説

文章に加え、写真やイラストを使用した図で飼育法をよりわかりやすく解説します

飼育容器のセット

どうやって飼育容器を準備する?

どの飼育容器にするか、どこに置くかが決まったら、実際に飼育容器をセットしましょう。水はあらかじめカルキを抜いておき、いざメダカを入れる際は、必ず水合わせを行ないます。

▶▶ 飼育容器をセットしよう

　水草と一緒に飼育を楽しみたいときは、まず容器に底砂を敷いていきます。それから底砂が舞わないよう、カルキ抜きをした水を静かに注ぎます。
　水草は、水を張ったあとに植えていきます。このとき、あらかじめ植物を植え込んだ植木鉢をそのまま置いてもよいでしょう。水草を変えるときは植木鉢ごと変えればいいので、飼育容器の管理がしやすいというメリットがあります。
　こうしてメダカを迎え入れる準備が整ったら、水合わせ(64ページ)をしてメダカを放していきます。
　なお、屋外飼育ではフィルターやエアーポンプといった器具は基本的に必要ありません。水草や底砂がその役割を担ってくれます。

あらかじめ底をふさいだ植木鉢に水草を植え、飼育容器内に入れると管理がしやすい。このとき、飼育容器に対してやや小さめの植木鉢を選ぶ。

● 飼育容器セットの手順

1 水をつくる
メダカを飼うことが決まったら、まずは水道水のカルキを抜き、飼育用水をつくる。

2 設置場所を決める
メダカを迎える前に、日当たりはどうか、水平な場所かなどを考慮して、設置場所を決める。

3 底砂を敷く
土に根を張る水草を植える場合は、飼育容器に底砂を敷く。

4 水を入れる
土が水中に舞わないよう、あらかじめ用意しておいたカルキ抜きの水を静かに注ぐ。

5 水草を植える
水草を植える場合は、水を入れたあとに行なう。鉢植えを沈める場合も同様。

6 メダカを入れる
準備が整ったら、水合わせ(64ページ参照)をしてからメダカを入れる。

その他の囲み図版

メダカの飼育に関してよく聞かれる疑問を取り上げ、それに答えています

メダカを飼育するにあたり、さらに役立つ情報を提供します

メダカの飼育で気をつけたい点を紹介します

もくじ

はじめに……………………………8
本書の見方…………………………9

1章　メダカ基本の「キ」

メダカを知る	メダカってどんな魚なの？……………16
棲息場所	どんなところに棲んでいる？……………18
体の特徴	オスとメスで異なる体のつくり……………20
体の構造	小さな体に備わっている様々な器官……………22
メダカのエサ	いったい何を食べるの？……………24
メダカの習性	普段はどのような生活を送っている？……………26
メダカの一生	野生のメダカはどのくらい長生きする？……………28
海外のメダカ	東南アジアに広く棲息するメダカ……………30

2章　飼育の準備をする

飼育容器の選び方	どの飼育容器を選べばいい？……………34
水の準備	どんな水を用意すればいいの？……………36
フィルターの役割	ろ過器で水をきれいに保つ……………38
照明器具	ライトで日照時間を確保する……………40
小道具各種	どんな道具をそろえればいい？……………42

その他の用具	飼育環境に応じて用意したい道具	44
水草の特徴	水草にはどんな役割がある？	46
メダカの購入方法	そもそもメダカはどこで買うの？	50
メダカの採集	メダカを捕まえに行こう	52

3章　メダカの飼い方【室内編】

水槽の設置方法	水槽はどうやってセットする？	56
室内レイアウト	水槽レイアウトを楽しもう	58
メダカの移し方	メダカを水槽に移そう！	64
エサの与え方	エサはどのように与えればいい？	66
健康チェック	メダカの健康を管理しよう	68
水温の管理	最適な水温はどのくらい？	70
メダカの飼い方	小さな容器でも飼うことはできる？	72
季節の注意点	季節によって何を気をつければいい？	74
水換えのやり方	どうやって水槽の水を換える？	76
コケ対策	コケが発生したらどうすればいい？	78
水草の維持・管理	伸びすぎた水草をトリミングする	80
メダカの共生	メダカと一緒に飼える生き物って何？	82
行動と意味	注意したいメダカの行動	84
病気対策	病気の予防につとめよう！	86
水槽の大掃除	大掃除が必要なのはどんなとき？	88
困ったときの対処法	こんなときどうすればいい？	90

4章　メダカの飼い方【屋外編】

設置場所と注意点	飼育容器を置くときのポイント……………………94
屋外レイアウト	いろいろなレイアウトを楽しもう………………96
飼育容器のセット	どうやって飼育容器を準備する？………………102
エサの与え方	エサはどのくらい与えればいい？………………104
季節の管理	春・夏・秋・冬、どのように世話をする？……106

1月の管理…………………106　　2月の管理…………………107
3月の管理…………………108　　4月の管理…………………109
5月の管理…………………110　　6月の管理…………………111
7月・8月の管理…………112　　9月の管理…………………114
10月の管理………………115　　11月の管理………………116
12月の管理………………117

水換えのやり方	屋外ではどのように水換えをする？……………118
ビオトープのやり方	水換えをしない飼育方法って？…………………120
メダカの天敵	どんな生き物がメダカをねらう？………………122

5章　メダカを繁殖させよう

メダカの体型	自然界では出会えないメダカ……………………126
メダカの体色	突然変異で生まれたカラフルなメダカ…………128
メダカカタログ	どんなメダカがいるの？…………………………130

楊貴妃メダカ………………130　　楊貴妃ヒカリメダカ………131
楊貴妃ダルマメダカ………131　　幹之メダカ…………………132

12

幹之ヒカリメダカ……………… 132	幹之ダルマメダカ……………… 133
幹之体内光メダカ……………… 133	クロメダカ……………………… 134
ヒメダカ………………………… 134	シロメダカ……………………… 135
アオメダカ……………………… 135	パンダメダカ…………………… 136
透明鱗メダカ…………………… 136	ブチメダカ……………………… 137
アルビノメダカ………………… 137	

繁殖の準備	何を用意しておけばいい?………………………	138
産卵の流れ	求愛ダンスからはじまる繁殖行動………………	140
フ化までの流れ	卵のなかでどうやって成長する?………………	142
産卵床の種類	オリジナルの産卵床をつくろう…………………	144
メダカの繁殖行動	卵を産みつけにくい品種と対策…………………	146
フ化のポイント	フ化率を上げるにはどうしたらいい?…………	148
稚魚の育成	稚魚を上手に育てるにはどうしたらいい?	150
こんなときどうする?	メダカが増えない、これってどうして?………	152
遺伝の法則	自分好みのメダカを増やそう……………………	154

用語辞典……………………… 156
参考文献……………………… 158
あとがき……………………… 159

1章

メダカ基本の「キ」

メダカは私たちにとって身近な生き物です。
近年、数の減少が騒がれていますが、
いまも田んぼや小川などに行けば出会うことができます。
そもそも、メダカとはどのような生き物なのでしょうか？
1章では、メダカを飼う前に知っておきたい
基本知識について解説します。

Q. メダカってどんな魚なの？
A. サンマやサヨリなどの魚と同じ「ダツ目」に属しています。同じメダカでも、じつは地域によって形が異なっています ➡16ページ

Q. メダカはどんなところに棲んでいる？
A. 田んぼや小川、用水路など、流れの緩やかな場所に棲息しています ➡18ページ

Q. メダカの体の特徴は？
A. オスとメスで体の形が異なっています ➡20ページ

Q. メダカの体の構造はどうなっているの？
A. 目でものを見て、鼻で匂いをかぎ、口でエサを食べます。胃がないため、食べたものは腸で消化します ➡22ページ

Q. メダカはいったい何を食べるの？
A. 水中にただようプランクトンなどを食べます ➡24ページ

Q. 普段はどのような生活を送っている？
A. 朝、太陽がのぼったら起きて、夜、太陽が沈んだら眠りにつくといったように、太陽の動きに合わせて活動します ➡26ページ

Q. どのくらい長生きするの？
A. 野生のメダカの寿命は約1年です ➡28ページ

Q. 日本以外にもメダカはいるの？
A. 東南アジアを中心に、海外でもメダカを見ることができます ➡30ページ

メダカを知る

メダカってどんな魚なの？

童謡『めだかの学校』でよく知られるメダカは、日本人にとってもっともなじみ深い魚といえるでしょう。現在も田んぼや小川などで見ることができますが、そもそもメダカとはどのような魚なのでしょうか。

▶▶ メダカとサンマの意外な関係

　田んぼや小川などに棲息している野生のメダカは、「ニホンメダカ」と呼ばれています。やや灰色がかった黄色い体色をしており、周囲の色合いに応じて体色の明暗を変化させるという特徴があります。

　江戸時代にはすでにペットとして飼育されていたようで、古くから観賞魚として日本人に親しまれていたことがわかります。

　ニホンメダカは、生物の分類学上、「ダツ目メダカ亜目メダカ科」というグループに属しています。意外かもしれませんが、サンマやサヨリといったおなじみの魚もダツ目に属しており、じつはメダカとは近縁関係にあるのです。

　また一口にニホンメダカといっても、棲息場所によってその形は異なっています（17ページ参照）。

● サンマと同じグループに属するメダカ

硬骨魚類のグループ。このなかでメダカは「メダカ亜目」に分類される。

大きく分けると、メダカは「ダツ目」というグループに属する。ダツ目にはサンマやサヨリといった身近な魚がおり、よく見るとメダカと似た特徴を持っていることがわかる。

ニホンメダカは「北日本集団」と「南日本集団」に大きく分けることができる。この2つのメダカをよく見比べると、体にちがいがあることがわかる。

|棲息場所|

どんなところに棲んでいる？

体の小さなメダカは泳ぐ力が強くないため、流れの速い川や大きな川などではあまり見ることができません。メダカに会いたいときは、流れの緩やかな水田や用水路、小川などに行きましょう。

▶▶ 水田に暮らすメダカ

英語で「rice fish（ライス・フィッシュ）」と表現されるように、ニホンメダカは水田や用水路、その周辺の小川など流れが緩やかな場所を主な棲み処としています。

水田は水深が浅く、メダカを食べるような大きな魚は入り込むことができません。また、水温も暖かく、エサとなるプランクトンが豊富に発生するため、メダカにとってはまさに楽園と呼べるような環境なのです。

近年、近代化が進むにつれて水田の数は徐々に減少。それに加えて農薬などによる環境汚染の影響もあり、メダカが棲むことができる環境は失われつつあります。1999年には環境庁（現・環境省）によって絶滅危惧Ⅱ類に指定されるほど、数が少なくなってしまいました。

しかし一方で、メダカやその棲息地を保護しようとする動きが、全国各地で盛んに行なわれています。

水田を泳ぐメダカの群れ。メダカはこのような流れの緩やかな場所を好む。

●野生のメダカと出会える場所

水田

英語で「rice fish」と呼ばれるように、メダカと水田の関係は深い。学名も水田が由来となっている。

小川

童謡『めだかの学校』の歌詞で知られるように、メダカは比較的流れが緩やかな小川に棲息する。

ため池

ため池は、農業用水の確保のためにつくられた人工的な池のこと。水流がなく、メダカにとっては棲息しやすい環境となっている。

用水路

用水路は、田んぼに水を引くためにつくられた水路のこと。メダカはここを通って田んぼへ向かう。

Q&A メダカって捕まえていいの?

　自然環境の変化に伴い、近年、野生のメダカの数は減少傾向にあります。1999年には絶滅危惧Ⅱ類に指定されました。ただし、野生のメダカを捕まえてはいけないというわけではありません。近所の水田や小川などでメダカを採集し、飼育しても大丈夫です。ですが、なかには保護区域に指定されている場所もあります。メダカを採集する前に、一度自治体に確認しましょう。

体の特徴

オスとメスで異なる体のつくり

メダカをよく見ると、オスとメスで体のつくりが異なっていることがわかります。見分け方のポイントは、「背ビレ」と「尻ビレ」。注意深く観察してみましょう。

▶▶ オスとメスの見分け方

メダカという名前の通り、他の魚よりも少し上についている丸い目はメダカのチャームポイントのひとつです。また、よく見ると口も上向きについていることがわかります。メダカの目と口がこのような形となっているのは、水面に浮いているエサをより食べやすくするためです。

一方、オスとメスで体の形が異なっているのも大きな特徴です。見分け方のポイントは、ずばり「背ビレ」と「尻ビレ」にあります。

横から見たとき、オスの背ビレには切れ込みがありますが、メスにはありません。また、オスの尻ビレが大きく、平行四辺形となっているのに対して、メスの尻ビレは小さく、後ろにいくにつれて幅が小さくなっています。

● 体の部位の名前

● オスとメスのちがい

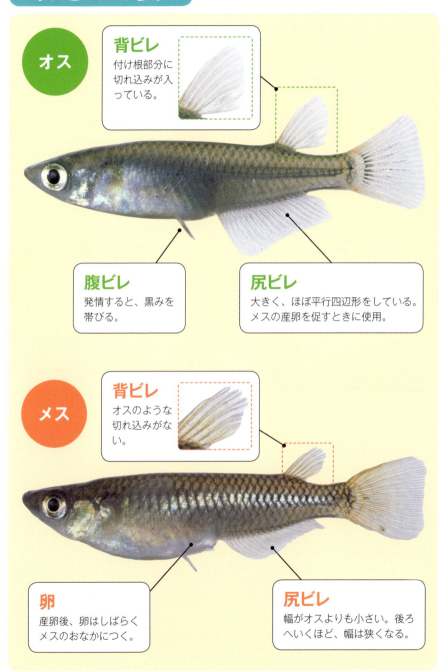

体の構造

小さな体に備わっている様々な器官

メダカは体長4センチメートルほどの小さな魚ですが、目や鼻、口、消化器官、呼吸器官などじつに様々な器官を備えています。それぞれの器官はいったいどのような働きをしているのでしょうか?

●メダカの器官の役割

ものを見る
上向きについた大きな目で、エサや外敵を判断する。

匂いをかぐ
鼻の穴。水は上の鼻の穴から入って下の鼻の穴から出てくるようになっており、そのときに匂いをかいでいる。

エサを食べる
口が上向きについているのは、水面に浮かぶエサを食べるため。

▶▶ 小さな体で働くいろいろな器官

　日本最小の淡水魚と呼ばれるほど小さなメダカですが、その体には様々な器官が備わっています。目でものを見て、鼻で匂いを感じ、口でエサを食べるのは我々人間と同じです。ただしメダカには胃袋がないため、腸で食べ物を消化・吸収しています。

　また、外側からは見ることはできませんが、頭骨の内側には耳があり、ここで水中内の振動を感じとっています。
　呼吸は、目の横についているエラ部分で行ないます。ここから水中に溶け込んだ酸素を吸収し、二酸化炭素を放出します。

振動を感じる
体の中央に並ぶ小さな穴（側線）で水の動きを感じとる。内耳をサポート。

振動を感じる
頭骨の内側に内耳という聴覚器官があり、そこで水の動きを感じとる。

呼吸する
エラを使って水中内の酸素を取り込む。

エサを消化する
食べたエサは食道から腸へ送られ、そこで消化・吸収される。

1章　メダカ基本の「キ」

メダカのエサ

いったい何を食べるの?

メダカは小さな口に入るものであれば、何でも食べる雑食性の生き物です。主に好んで食べるのは動物プランクトンですが、成長すると小さな昆虫を食べることもあります。

▶▶「食べる」「食べられる」の関係

　メダカは雑食性で、水面付近や水中にただよういろいろな生き物をエサとします。主なエサはミジンコなどの動物プランクトンですが、成魚になると、水面に落ちてきた羽虫や蚊の幼虫(ボウフラ)なども食べます。

　なお、野性のメダカの場合、底に落ちたエサを食べることはほとんどありません。

　一方で、自然環境下においては、メダカは「食べられる」対象でもあります。ヤゴやタガメといった肉食性の水棲昆虫をはじめ、ナマズなどの魚食性の魚がメダカをエサとします。

　野生のメダカは、自然界の食物連鎖のなかでは下層に位置する小さな生き物。その厳しい環境を生き抜いているのです。

メダカは、水面付近に浮かんでいるエサを食べる。

メダカは小さなプランクトンを食べて生きるが、ときには食べられる対象となることもある。

メダカの習性

普段はどのような生活を送っている?

私たちが朝起きて、夜眠るように、メダカも規則正しい1日を送っています。それでは、メダカは川のなかでいったいどのように過ごしているのでしょうか? そっとのぞいて見てみましょう。

▶▶ 太陽の動きに合わせた行動

朝、太陽がのぼると、メダカは起き出し、活動をはじめます。やがて気温が高くなると、活発に行動するようになります。日が暮れはじめると徐々に行動が鈍くなり、夜、辺りがすっかり暗くなる頃合いには水面付近で眠りにつきます。

このように、メダカの1日は太陽の動きと深い関係にあります。

また、メダカは群れをつくって生活をします。川をのぞいて見ると、多くのメダカが集まって一緒に行動している様子を見ることができるでしょう。これは、外敵から身を守るための行動です。自然環境下において、メダカは捕食されやすい立場の生き物です。そこで群れをつくり、全滅してしまうことを防いでいるのです。

●メダカの1日

夜になると、眠りにつく。

日が暮れはじめると、徐々に動きが鈍くなる。

朝、太陽がのぼると目を覚ます。活動開始。

昼間は活発に活動する。

●メダカの習性

群れで泳ぐ

メダカが群れをつくって泳ぐのは、外敵から自分たちの身を守るためだ。

冬眠する

冬、水温が3度以下になると落ち葉などの下に隠れて冬眠する。

水面近くを泳ぐ

メダカは基本的に水面近くを泳ぐ習性があり、人目につきやすい。

メダカの一生

野生のメダカはどのくらい長生きする?

水田や小川を優雅に泳ぐメダカですが、いったいどのくらい生きることができるのでしょうか。その答えは、わずか約1年。この1年の間に、メダカは新たな子孫を残すのです。

▶▶ 自然界のサイクル

メダカは、気温が高くなる春から夏にかけて活発に行動するとともに、繁殖活動をします。そして徐々に気温が下がってくる秋に繁殖活動を終え、冬になると冬眠に入ります。これが、基本的なメダカの1年のサイクルです。

野生のメダカの寿命は1年〜1年半ほどといわれています。つまり、夏頃に誕生した稚魚は成長して冬を越し、やがて春から夏にかけて子孫を残したのち、その天寿をまっとうするのです。ただし、自然環境下では多くの外敵がメダカをねらっているため、成熟できるのはごくわずかのメダカのみです。

一方、飼育環境下のメダカは、野生のメダカよりもずっと長生きします。なかには、5年生きた記録も残るほどです。

繁殖活動をするメダカ。成長した野生のメダカは子孫を残してから寿命を迎える。

●1年のサイクル

冬眠期
- 物陰に隠れ、ほとんど動かなくなる
- 冬眠の開始

繁殖期・産卵期
- 水温の上昇とともに活動が盛んになる
- 繁殖活動をはじめる
- 産卵期を迎える

産卵期
- 産卵期が続く
- エサをよく食べる
- 活発に動く

越冬準備期
- 産卵期の終了
- 動きが徐々に鈍くなる
- 冬に備え、体内に脂肪を蓄える

海外のメダカ

東南アジアに広く棲息するメダカ

メダカが棲息しているのは日本だけではありません。中国や朝鮮半島をはじめ、遠くインドにまで棲息しているのです。日本のメダカとはどこが異なっているのでしょうか？

●海外に棲息するメダカの仲間

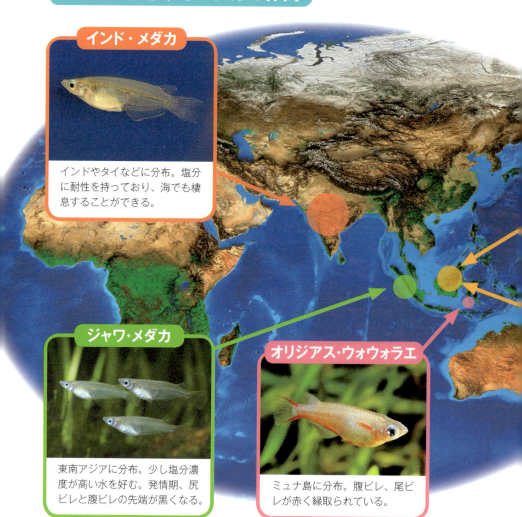

インド・メダカ
インドやタイなどに分布。塩分に耐性を持っており、海でも棲息することができる。

ジャワ・メダカ
東南アジアに分布。少し塩分濃度が高い水を好む。発情期、尻ビレと腹ビレの先端が黒くなる。

オリジアス・ウォウォラエ
ミュナ島に分布。腹ビレ、尾ビレが赤く縁取られている。

▶▶ 海外に棲むいろいろなメダカ

　ニホンメダカの学名は、「Oryzias latipes（オリジアス・ラティペス）」といいます。このオリジアス属に分類されるメダカは、東南アジア一帯に広く分布しています。

　そのなかでも、日本へ比較的多く輸入されているのが、「ジャワ・メダカ」です。外見はニホンメダカと非常に似ています。また、「インド・メダカ」はニホンメダカよりも若干体高があります。こちらも、熱帯魚ショップなどで容易に手に入れることができます。

セレベスメダカ

スラウェシ島（セレベス島）原産のメダカ。体長はやや大きく、成長すると5センチメートルほどになる。

オリジアス・ネオンブルー

スラウェシ島に分布。体長は3～4センチメートルほどで、青い体色が美しい。

Q&A メダカとグッピーは仲間?

　従来、メダカはグッピーと同じメダカ目（カダヤシ目）に属していました。たしかに、外見や体のサイズなど似ている点は多々あります。ですが、1981年、遺伝的な観点からメダカはダツ目に分類すべきであるとの研究成果が出され、これが世界的に認められました。

　そのため、現在メダカはダツ目、グッピーはカダヤシ目に分類され、別々の種として扱われています。

グッピー。品種改良が進み、多様な姿を見ることができる。

2章
飼育の準備をする

メダカを家に迎え入れる前に、
飼育用具を準備しましょう。
いったい何を用意すればいいのか——
2章では、メダカを飼うときに
必要な用具を解説します。

Q. どの飼育容器を選べばいい？
A. 室内で飼うのか、屋外で飼うのか、自分の飼育スタイルに合わせて選びましょう ➡34ページ

Q. いったいどんな水を使えばいいの？
A. 手軽に手に入れることができて、もっともメダカ飼育に適しているのは水道水です ➡36ページ

Q. フィルターはなんのために使うの？
A. 汚れた水をきれいな水にろ過するためです ➡38ページ

Q. ライトはなんのために使うの？
A. 室内で太陽光の代わりに使います ➡40ページ

Q. どんな道具をそろえればいい？
A. 飼育容器、水、エサに加え、アミやバケツ、小型容器、ふたなどがあると重宝します ➡42・44ページ

Q. 水草にはどんな役割がある？
A. 水中内への酸素の供給、水質の浄化などの働きをします ➡46ページ

Q. どんな水草を使えばいい？
A. 室内ではアナカリスやウィローモス、屋外ではホテイアオイやスイレンなどがよく使われています ➡48ページ

Q. そもそもメダカはどこで買うの？
A. 熱帯魚ショップやホームセンター、メダカ専門店などで販売しています ➡50ページ

Q. メダカを捕まえてもいいの？
A. 問題ありません。ただし採り過ぎには注意しましょう ➡52ページ

飼育容器の選び方

どの飼育容器を選べばいい？

ガラス、プラスチック、陶器など、メダカの飼育に使える飼育容器はたくさんあります。どのようにメダカを飼いたいのか、自分の飼育スタイルに合った飼育容器を選びましょう。

▶▶ 飼育スタイルを考える

　メダカを飼うにあたり、まず考えたいのは、どういうスタイルで飼育するのかということです。たとえば室内なのか、屋外なのか、メダカの数は多いのか、または少ないのかなどです。それぞれのケースに応じた飼育容器を選びましょう。

　飼育容器の特徴とデメリットについては、図を参照してください。

　飼育容器を選ぶにあたり、一番気をつけたいのはメダカの数に対する飼育容器の大きさです。表を参考にし、メダカの数に適した飼育容器を選びましょう。

■メダカの数と水槽の大きさの目安

メダカの数	水槽のサイズと水量
4〜8匹	30センチ水槽（Sサイズ・12リットル）
6〜12匹	36センチ水槽（Mサイズ・18リットル）
8〜16匹	40センチ水槽（Lサイズ・23リットル）
12〜24匹	45センチ水槽（35リットル）
19〜38匹	60センチ水槽（56リットル）

一般に、メダカ1匹に対して水1〜2リットルが必要だといわれる。小さな容器にメダカを入れ過ぎると、ストレスが原因で病気になり、最悪死んでしまうことがあるので気をつけよう。

●室内飼育用容器の特徴とデメリット

ガラス水槽

特徴
- 素材が硬く、傷がつきにくい

デメリット
- 重い。割れることがある
- プラスチック水槽と比べると値段が高い

プラスチック水槽

特徴
- 軽く、持ち運びしやすい
- 値段が安い

デメリット
- 傷がつきやすい

● 屋外で使える容器の特徴とデメリット

トロ舟
特徴
- 頑丈
- 耐久性に優れている

デメリット
- 大きく、場所を取る
- やや美観を損ねる

陶器
特徴
- メダカを上から観察するのに適している
- 保温性に優れている

デメリット
- 重い

プラスチック容器
特徴
- 安価で手に入れることができる

デメリット
- 劣化しやすい

発砲スチロール容器
特徴
- 保温性に優れている
- 安価で手に入れることができる

デメリット
- 美観を損ねる

ガラス水槽
特徴
- 横からでもメダカを観賞することができる

デメリット
- 太陽光を通すので、コケが発生しやすい

Q&A 金魚鉢でも飼える?

金魚鉢のような小型の容器でも、メダカを飼育することは可能です。ただし、容器内に入れることができる水量は限られているので、メダカの数は控えめにしましょう。また、水が汚れやすいので、こまめな水換えが必要です。

2章 飼育の準備をする

水の準備

どんな水を用意すればいいの？

水道水や井戸水、ミネラルウォーターなど、水の種類には様々ありますが、メダカの飼育に使う水は何でもいいというわけではありません。それでは、いったいどんな水がメダカに適しているのでしょうか？

▶▶ メダカの飼育に適した水道水

水中で生活するメダカにとって、「水」はとても重要なものです。細菌や不純物が混じった汚れた水だとメダカが病気になってしまうことがあるので、きれいな水を使いたいものです。

もっとも手軽に手に入れることができて、かつきれいな水は、水道水です。ただし、水道水には細菌や不純物を除去するための塩素（カルキ）が含まれています。塩素はメダカにとって有毒な物質なので、水道水を使う際は、あらかじめ塩素を抜く必要があります。水道水から塩素を抜く方法としては、「水道水をバケツなどの容器にくみ、1日、日なたに置く」、「塩素中和剤を使う」などがあります。

● 水の特徴とデメリット

水道水

特徴
- 手軽に利用できる
- 菌や不純物がほとんど含まれていない

デメリット
- 塩素が含まれている

井戸水

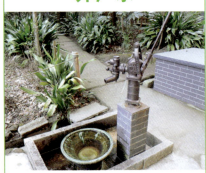

特徴
- 塩素が含まれていない

デメリット
- 土地によってメダカに有害な成分を含んでいることがある

● 水道水の塩素の取り除き方

日光にあてる
水道水をバケツに入れ、1日、日光にあてる。こうすることで、塩素が抜けてメダカの飼育に適した水になる。

中和剤を使う
水道水に中和剤を規定量入れ、かき混ぜるだけで塩素が抜ける。飼育用水をすぐにつくることができる。

2章 飼育の準備をする

河川の水

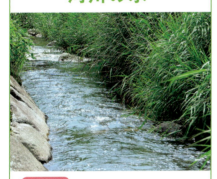

特徴
- ミネラル分が豊富

デメリット
- 有害な不純物や菌を含んでいる可能性がある

ワンポイントアドバイス

くみ置き水を使うときは温度に注意！

　水道水を日の当たる場所に1日置き、カルキを抜いたあと、その水をいきなり使うのではなく、まず水温を確認しましょう。熱過ぎても冷た過ぎても、メダカの健康を害します。メダカの調子がもっともよい水温は、大体20度～25度。夏場だとくみ置き水の水温が30度を超えてしまうことがあるので、要注意です。その際は、一度日陰に置き、温度を下げましょう。

　また、水質の変化はメダカにとって体の負担となるため、一度に水換えをする量は水槽の水量の半分程度にとどめます。

フィルターの役割

ろ過器で水をきれいに保つ

メダカを飼育していると、エサの食べ残しや糞などで日に日に水は汚れていきます。汚れた水はメダカの病気につながるので、きれいな水に変える必要があります。そこで使用するのが、フィルターと呼ばれるろ過器です。

▶▶ フィルターを使うメリット

フィルターは、なかにろ材（水をろ過するための材料）を入れて使用します。フィルターを稼動することで、水中内のゴミを取り除くことができる他、アンモニアのような目には見えない有害な物質を毒性の少ない物質へと変えることができます。フィルターにはいろいろな形状のものがあるので、飼育環境に適したフィルターを選びましょう。

また、メダカは強い流れを嫌うので、水流が速くなる上部式や外部式を使う際は、水の吐き出し部を壁に向けて水流を弱めるなどの工夫が必要です。

なお屋外で飼育する場合は、飼育容器内に様々な微生物が発生し、水を浄化してくれるため、原則フィルターは必要ありません。

● フィルターの役割

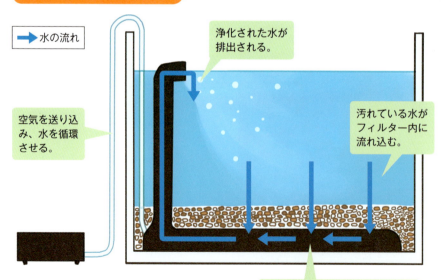

●フィルターの種類と特徴

モーター式

上部式フィルター

モーターで水を循環させる。水槽の上にのせて使うため、フィルター用のスペースをつくらずに済む。メンテナンスも簡単。

外部式フィルター

モーターで水を循環させる。容量が大きく、ろ過能力が高い。水流の強さを簡単に調節することができる。

外掛け式フィルター

モーターで水を循環させる。水槽の縁にかけて使用する。コンパクトで、ろ材の取り出しが簡単。小型水槽向き。

エアーポンプと併用式

投げ込み式フィルター

容器内にろ材を入れたシンプルなフィルター。簡単に設置することができるので、小型容器でも使いやすい。

底面式フィルター

エアーポンプに接続して水槽内に沈める。底床全体をろ材として使用するため、ろ過能力が高い。飼育するメダカの数が多いときに適している。

2章 飼育の準備をする

照明器具

ライトで日照時間を確保する

メダカの飼育には太陽光が不可欠ですが、室内ではどうしても光量が不足しがちです。そこで使うのが、太陽の代わりとなるライト。これで光量を補い、メダカの日照時間を確保します。

▶▶ ライトを使って規則正しい生活

メダカは朝、太陽がのぼると活動を開始し、太陽が沈むと眠るという規則正しい生活を送っています。また、日照時間の長短で季節を感じ、日照時間が長くなったら繁殖活動を開始します。

このように、日光はメダカの生活とは切っても切り離せない大切な役割を果たしています。室内飼育において、日光の役割を果たすのがライトです。24時間タイマーを併用し、毎日決まった時間に点灯、消灯するように設定すれば、室内でも規則正しい生活を送らせることができます。

毎日のエサやりの時間に合わせて、1日約12時間程度点灯するようにセットしましょう。

● ライトの設置例

クリップ式のライト。メダカは日照時間の長さで季節を感じるので、屋内で飼育する場合はライトがあったほうがよい。

ライトは水草の育成にも不可欠。光がないと、水草が枯れてしまう場合がある。

● ライトの種類と特徴

クリップ式タイプ

水槽の縁をクリップではさんで使う。照明を水面から離すことができるため、水温の上昇を抑えることができる。

上乗せタイプ

水槽の上にのせて使用。光を水槽全体に行き渡らせることができる。

2章 飼育の準備をする

● タイマーの設定例

水槽用のタイマー。ライトの点灯、消灯を自動で行なう。

夜は消灯。メダカを長生きさせるためには、規則正しい生活を送らせることが大切。

タイマーオフ

タイマーオン

自分の生活リズムに合わせて、1日に12時間程度、照明がついているようにする。

小道具各種

どんな道具をそろえればいい?

丈夫なメダカは飼いやすく、高価な設備を必要としない生き物です。まずは必要最低限の道具を用意し、必要に応じて他の道具を買いそろえていきましょう。

● あると便利な道具

水換え用ポンプ
ポンプを使うと、簡単に水槽の水を抜くことができる。

アミ
メダカを容器に移すときに使う。また、水中のゴミとりに使用。

ピンセット
水槽に水草を植えるときに使う。

バケツ
水道水のカルキを抜くときに使用する。

▶▶ 必要に応じて道具を用意する

　メダカを飼うにあたり、最低限必要な用具は飼育容器と水、エサです。これだけでも充分メダカを育てることができますが、それに加え、メダカの移動・水中のゴミとりに使用するアミ、水換え用のポンプ、メダカの外への飛び出しを防ぐふた、新しい水をつくるときのバケツ、メダカを一時的に避難させるための小型容器、水草をセットするためのピンセット、水槽に新しい水を足すときに使う手桶などがあると重宝します。

　一度にすべてをそろえる必要はありません。飼育していくなかで、必要に感じたら少しずつ用具をそろえていきましょう。

2章　飼育の準備をする

ふた
メダカが水槽の外へ飛び出るのを防ぐ。外敵の侵入防止にも効果的。

小型容器
水換えや水槽のリセット時など、メダカを一時的に移動するときにあると便利。

手桶
水槽に水を入れる際、あると重宝する。

> その他の用具

飼育環境に応じて用意したい道具

たくさんのメダカを飼いたい、冬でも泳ぐ姿を楽しみたいといった場合は、エアーポンプやヒーターといった道具が必要となります。飼育環境に合わせて適宜用意しましょう。

● 必要に応じて用意する道具

エアーポンプ

水槽内に空気を送り込む。メダカの数が多いときは必須。

エアーストーン

エアーポンプとともに使用。空気の泡を細かくし、水に酸素が溶け込む手助けをする。

ヒーター

基本、飼育に加温は不要だが、1年中繁殖を楽しみたい場合は使用する。

水温計

水槽内の水温を計る。ヒーターで水温を調節し、室内で1年中メダカの観察をする場合は用意する。

▶▶ どんなときに必要になる？

　エアーポンプは、水中に空気を送り込むための道具です。1つの水槽で多くのメダカを飼育するときは、水中内が酸素不足にならないよう、エアーポンプを設置します。

　ヒーターは、水温を一定に保つときに使います。1年中泳ぐ姿が見たい、繁殖させたいといったときは、ヒーターを利用しましょう。

　水槽の底に敷く砂利（底砂）は必須ではありませんが、底砂内に住み着くバクテリアが水の汚れを分解してきれいにしてくれるというメリットがあります。また、水槽内に水草を植える場合は4〜5センチメートルほどの厚さになるように敷きましょう。

2章 飼育の準備をする

大磯砂（おおいそずな）

もっとも一般的な底砂。

桂砂（けいさ）

ミルク色や黄色など明るい色合いが特徴。

ソイル

水槽内で水草を栽培するのに適した用土。

川砂（かわずな）

川に堆積した砂を用土化したもの。水草栽培に適している。

水草の特徴

水草にはどんな役割がある？

メダカを観賞用として楽しみたいとき、自然の風景を演出してくれる水草の存在は欠かせません。また、水草は酸素の供給や水質の浄化など、メダカに様々なメリットをもたらします。

▶▶ 水草を植えるメリット

　水草は、水槽を鮮やかに彩るだけではなく、水質の浄化や水中内への酸素の供給、フィルターの水流を弱めるといった役割を果たします。

　また、繁殖シーズンになると、メスのメダカが卵を産みつける産卵床としても利用されます。

　水草には、水面に浮かぶ浮漂植物、水中で育つ沈水植物、水底に根を張って水上に茎や葉を伸ばす抽水植物、水底に根を張って水面に葉を広げる浮葉植物といった種類があります。それぞれの水草の特徴は47ページを参照して下さい。

　また、購入した水草には何らかの有害物質や生き物の卵などが付着している場合があります。水槽に入れる前に、必ず水草を水道水でよく洗いましょう。

● 水草の働き

酸素を出す
光合成を行ない、水中に酸素を供給する。

水質をきれいにする
メダカにとって害のある水中内の物質を肥料として吸収。水質をきれいにする。

流れを緩やかにする
フィルターが生み出す水流の強さを緩和する。

産卵床になる
産卵期、メダカのメスは水草に卵を産みつける。

●水草の種類

浮葉植物

水底に根を張り、茎を伸ばして水面に葉を広げる。水面を覆う葉が水温上昇を防ぐ。

浮漂植物

水面に浮かぶ水草。根を水中に垂れ下げ、そこから栄養を吸収する。水面を覆う葉が水温の上昇を防ぐ。

沈水植物

有茎型（茎から葉がつく）、ロゼット型（根本から葉がつく）などがある。

抽水植物

自然環境に近い水槽をつくることができる。

2章 飼育の準備をする

●メダカ飼育におすすめの水草

屋内

アナカリス
別名、オオカナダモ。成長が早く、こまめにトリミングをする必要がある。

ウィローモス
コケの一種。流木や石に付着させて使う。自然の雰囲気を演出することができる。

カボンバ
水質の急変に弱く、水槽に入れたばかりの頃は枯れてしまうことがあるが、すぐに新芽を出す。

マツモ
葉がマツのように細いという特徴を持つ。水質浄化能力が高い。

屋外

ホテイアオイ

もっとも一般的な水草。水に浮かべておくだけで増える。青い花を咲かせる。

スイレン

5月〜10月にかけてきれいな花を咲かせる。水面に広がる葉は、メダカの日除けの役割を果たす。

サンショウモ

ハート形の葉が愛らしく、人気の高い水草。初夏、白い花を咲かせる。

アマゾンフロッグビット

丸い葉をつける浮き草。水面に浮かべておくだけで増える。白い花を咲かせる。

2章 飼育の準備をする

> メダカの購入方法

そもそもメダカはどこで買うの?

近年、メダカブームの影響で、メダカを扱う店が増えてきました。しかし、数あるメダカのなかからどれを選べばよいのか、思わず迷ってしまうことでしょう。大切なのは、健康なメダカを選ぶことです。

▶▶ 健康なメダカを購入しよう

メダカを飼育するための環境が整ったら、いよいよメダカを手に入れましょう。メダカは熱帯魚ショップや大きなホームセンターに行けば購入することができます。ただし、種類はそれほど豊富ではありません。

もしいろいろな種類から選びたい場合は、メダカを専門に扱っているショップに行きましょう。

メダカを購入する際は、健康なメダカを選びたいものです。元気よく泳いでいるか、お腹がふっくらと丸みを帯びているかといった点に注意しながらよく観察しましょう。

もし1匹だけ離れてじっとしていたり、他のメダカと比べてやせ過ぎていたりした場合は、不健康である可能性が高いといえます。

●メダカはどこで売っている?

メダカ専門店

近年、メダカを専門に扱う店が増えている。スタッフは知識が豊富なので、安心して買うことができる。

熱帯魚店

熱帯魚だけではなく、メダカを扱う店が増えている。飼育用品も充実。

ホームセンター

種類は少ないが、ペットコーナーでメダカを販売しているところもある。

園芸ショップ

植物や園芸用品に加えて、メダカを販売する店もある。

●メダカを購入するときのポイント

☑ お腹がふっくらと丸みを帯びているか
➡ 健康なメダカを選ぶときの目安となる。他のメダカと比べてやせ細っているものは買わないほうが無難。

☑ 元気よく泳いでいるか
➡ じっとしていたり、ふらふらと泳いでいたりするメダカには要注意。病気にかかっている可能性がある。

☑ 体に傷がついていないか
➡ 傷口から病原菌が感染する可能性がある。また、ヒレがぼろぼろのメダカは病気の可能性を疑ったほうがよい。

☑ 体がへの字に曲がっていないか
➡ 体型は子孫に遺伝する可能性が高いので、繁殖をたのしみたい場合は注意が必要。

購入する前に、メダカをよく観察しよう。上記のチェックリストを意識しながら、健康で元気な個体を選びたい。

メダカの採集

メダカを捕まえに行こう

店で購入するのではなく、田んぼや小川などで野生のメダカを捕まえてもよいでしょう。ただし、必要以上に採り過ぎないようにして下さい。また、メダカを捕まえたら、最後まで責任をもって飼育しましょう。

▶▶ 採集時の注意点

1999年に絶滅危惧Ⅱ類に指定されるほど、メダカの棲息数は減少しています。しかし、そんなメダカを守ろうという動きが全国で盛んに行なわれるようになり、いまでも田んぼや小川などでメダカを見ることができます。

メダカの採集は法律で禁止されているわけではありませんが、採集の際は採り過ぎに注意しましょう。

採集したメダカは、川の水と一緒にビニール袋に入れて持ち帰ります。このとき、メダカ同士がぶつかり合って体に傷がつかないよう、なるべく振動を与えないようにしましょう。家に持ち帰ったら、水合わせ(64ページ参照)をして、水槽内に放します。

● レッドリストのランク

絶滅危惧種
絶滅の恐れがある生物のうち、絶滅危惧Ⅰ類〜Ⅱ類に選ばれた生物を「絶滅危惧種」という。2016年1月現在、日本には3155種いる。

メダカは現在、絶滅危惧Ⅱ類に分類されている。

- 絶滅
- 野生絶滅（飼育・栽培下でのみ存続）
- 絶滅危惧Ⅰ類（絶滅の危機に瀕している）
  - 絶滅危惧ⅠA類（近い将来、野生絶滅の可能性が極めて高い）
  - 絶滅危惧ⅠB類（近い将来、絶滅の危険性が高い）
- 絶滅危惧Ⅱ類（絶滅の危険が増大している）
- 準絶滅危惧（棲息状況の変化により、絶滅危惧種に移行）
- 情報不足（情報が不足しており、評価できない）

●メダカ採集時の注意点

静かに持ち帰る
ゆらすことでメダカ同士がぶつかりあい、体に傷がついてしまう。傷口から他の病気に感染してしまうことがあるので、持ち帰るときはなるべく静かに運ぼう。

そっとすくう
アミでメダカの体に傷をつけないように注意しよう。もし傷ついてしまった場合は、傷が完治するまで他のメダカとは一緒に飼わない。

カダヤシを捕まえない
北アメリカ原産の外来種・カダヤシは、メダカとよく似た姿形をしている。2006年、外来生物法で特定外来生物に指定された。カダヤシの飼育・保管・運搬・販売・譲渡・輸入・野外に放つことは法律で禁止されており、採集して持ち帰ると違反となる。最高で3年以下の懲役、もしくは300万円以下の罰金を科されてしまうので、メダカの採集時にはくれぐれも注意しよう。

2章 飼育の準備をする

ココに注意！

育てたメダカを川に放さない
　繁殖期に入ると、メダカは毎日のように卵を産むため、気がつけばメダカが増えすぎてしまうこともあるでしょう。自宅では飼い切れなくなり、近くの川に放流しようと考える人もいますが、この行為はNGです。
　じつは、野生のメダカは地域によって異なった遺伝子を持っています。産地がわからない、あるいは品種改良したメダカを放流すると、その地域におけるメダカの生態系が乱れてしまうことになります。数が減っているからとはいえ、単純に増やせばいいというものではないのです。メダカを飼育するときは、最後までしっかりと責任を持つのが飼い主のつとめです。

3章

メダカの飼い方
【室内編】

メダカを健康で長生きさせるには、
いったいどんなことに気をつければいいのでしょうか。
エサの量や水槽の水の換え方、季節の管理……
3章では、室内におけるメダカの
飼い方について解説します。

Q. 水槽のセットの仕方、メダカの移し方はどうする?
A. あらかじめ置く場所を決めておき、本書の手順に則ってセットしましょう。メダカを水槽に移すときは、「水合わせ」を行ないます ➡56・64ページ

Q. エサはどのように与えればいい?
A. 5分で食べきれる量を目安に与えます。また、食べる姿や行動を観察し、健康チェックを行ないましょう ➡66・68ページ

Q. メダカに最適な水温はどのくらい?
A. だいたい15度から28度が適温です ➡70ページ

Q. 小さな容器でも飼うことはできる?
A. できます。ただし、あまりメダカを入れすぎないようにしましょう ➡72ページ

Q. 季節によって何を気をつければいい?
A. 春と秋は水温の変化に、夏は暑さに、冬は刺激を与えないよう気をつけましょう ➡74ページ

Q. どうやって水槽の水を換える?
A. 一度に水槽の水量の半分程度の水を取り換えます ➡76ページ

Q. コケや伸びすぎた水草はどうすればいい?
A. コケはこすり落とし、水草ははさみでカットしましょう ➡78・80ページ

Q. メダカと一緒に他の生き物を飼える?
A. ミナミヌマエビやタニシなど、メダカと共存できる生き物がいます ➡82ページ

Q. メダカも病気にかかるの?
A. かかります。普段とはちがう行動が見られたら、病気の可能性を疑いましょう。病気にかかったメダカを見つけたら、水槽の大掃除を行ないます ➡84・86・88ページ

水槽の設置方法

水槽はどうやってセットする?

メダカを迎え入れる前に、あらかじめ水槽を置く場所を決めておきます。どんな雰囲気の水槽にしたいのか、どこで観賞するのかなどをよく考えながら設置しましょう。

▶▶ 水槽セットの手順

　水を入れた水槽は想像以上に重く、一度セットすると動かすのは困難です。そこで、水槽をセットする前に、まずは水槽を置く場所を決めましょう。ポイントは、水槽を置く台、床がその重さに耐えられるか、万が一水がこぼれた際に問題はないかなどを考慮することです。

　水槽を置きたい場所にセットしたら、次にフィルターをセットします。そして底砂を敷きつめ、砂が舞わないよう気をつけながらカルキを抜いた水を入れましょう。

　その後、水草を植え、フィルターを丸1日稼動させます。

　こうしてセットが終わったら、いよいよメダカを水槽に入れます（64ページへ）。

● 水槽設置の注意点

水こぼれを考慮する
水槽から水がこぼれる可能性があるので、濡れて困るようなものは近くに置かない。

平坦で安定した場所に置く
水槽が台から落ちることがないよう、平らな場所にセットする。

コンセント位置を確認
水こぼれを考慮し、水槽はコンセントから離す。ライトやフィルターを使うときは、延長コードを使用。

● 水槽セットの手順

1 水槽を設置する

安定性や使い勝手のよさを考えて、あらかじめ水槽の置き場所を決めておく。

2 フィルターをセットする

メダカの飼育数が多い場合はフィルターをセットしよう。必須ではない。

3 底砂を敷く

底砂の厚さは4〜5センチメートルほどあればよい。流木や石のレイアウトは、底砂を敷いたあとに行なう。

4 水槽に水を入れる

底砂が水中に舞わないよう、少しずつ水を注ぐ。水は、あらかじめカルキを抜いた水道水を使用。

5 水草を植える

水を入れたら、水草を植えていく。このとき、手ではなくピンセットを使うと植えやすい。

6 フィルターを動かす

メダカを水槽に入れる前に、フィルターを1日動かして水をなじませる。

室内レイアウト

水槽レイアウトを楽しもう

メダカは丈夫な生き物なので、様々な水槽で飼うことができます。せっかくだからインテリアとしても楽しみたいもの。ここでは、水槽レイアウトの実例を紹介します。ぜひ、参考にしてください。

底砂と水草だけのシンプルなレイアウトです。水草の緑色にメダカの体色が映え、より美しさが際立っています。

このような小型のガラス水槽でもメダカを飼うことができます。飾り石を底に敷き、涼しげな感じを演出しています。

底の浅い容器に底石を敷いたものです。上からメダカを観賞したいときに適しています。

3章 メダカの飼い方【室内編】

水槽内に底砂、水草の他、石を配置して自然の風景をアレンジしています。底砂は奥に向かって厚みを増すことで、レイアウトに立体感を出しました。

和をイメージしたガラス水槽です。和室の雰囲気によく合うレイアウトになっています。

金魚鉢を使用して、メダカの棲み処をつくっています。水草を少なめにして、メダカの泳ぐスペースがなくならないよう配慮しています。

> 少し大きめのガラスコップを使用。場所を取らないので、室内のどこでも置くことができます。

| メダカの移し方 |

メダカを水槽に移そう！

水槽をセットし、メダカを迎え入れる準備が整ったら、いよいよメダカを水槽内に移していきます。このとき、いきなりメダカを入れるのではなく、まずは「水合わせ」という作業を行ないます。

●水合わせの方法① ビニール袋から水槽に移す

1 ビニール袋ごと水槽に浮かべる

メダカが入っているビニール袋をそのまま水槽に浮かべ、水槽の水とビニール袋内の水の温度差をなくす。だいたい1時間が目安。

2 袋をあけ、自然に出ていくのを待つ

水槽の水とビニール袋内の水の温度が同じくらいになったら、ビニール袋の口をあけ、メダカが泳いで出ていくのを見守る。

3 残っているメダカを出す

2から1時間が経っても、袋から出ることができないメダカがいれば、袋の水ごと水槽に入れる。このとき、袋は丁寧に扱い、メダカに刺激を与えないようにしよう。

▶▶ 新しい飼育環境に慣れさせる

　メダカは比較的適応力が高く、丈夫な生き物ですが、購入したばかりのメダカをいきなり水槽内に放してしまうと、水温や水質の急激な変化に耐え切れずに死んでしまうことがあります。

　それを避けるべく、メダカを新しい水に慣れさせるための「水合わせ」という作業を行ないます。

　こうすることで、メダカは新しい飼育環境に順応するのです。

●水合わせの方法② 小型容器から水槽に移す

1 小型容器を水槽に浮かべる

メダカを入れた小型容器をそのまま水槽に入れる。

2 水槽の水を入れる

水温、水質の変化に慣れさせるため、水槽の水を容器に入れる。

3 メダカを入れる

2から1時間ほど経ったら、容器から水槽へメダカを移す。

ワンポイントアドバイス

メダカの生存率を上げる方法

　セット直後の水槽にメダカを放すと、メダカが全滅してしまうことがあります。セット直後の水槽ではまだフィルター内にろ過細菌が定着しておらず、メダカにとって有害な物質を分解することができないためです。まず水槽をセットしたら1日フィルターを稼動させ、その後、様子を見るために数匹、水合わせをして水槽内に入れます。何も異常がないようであれば、残りのメダカを放しましょう。こうすることで、メダカの生存率がぐっと上がります。

エサの与え方

エサはどのように与えればいい?

メダカを飼う楽しみのひとつが、エサやりです。ただし、大量に与えすぎてもメダカは一度に食べきることができません。少なめに与えるのがポイントです。

▶▶ 一度に5分で食べきれる量が目安

野生のメダカは動物プランクトンや植物プランクトンなど様々なものを食べますが、メダカを飼育する場合は市販されているメダカ用の人工飼料を与えるとよいでしょう。手頃な価格で手に入れることができ、保存も効くので重宝します。また、栄養価が高い赤虫やイトミミズ、ミジンコなどのフリーズドライのエサを副食として与えるのも効果的です。

メダカがエサを食べている姿はとても愛らしく、つい与えすぎてしまいがちですが、メダカには胃袋がないため、少しずつしか食べることができません。そこで、5分で食べきれる量のエサを、1日に1～2回与えるようにしましょう。食べ残したエサは水質の悪化につながり、最悪、メダカが病気にかかってしまうこともあるので注意が必要です。

● エサの種類と特徴

ドライフード

特徴
● 栄養価・品質ともに高い。保存が効くので、重宝する。

フリーズドライ

特徴
● ミジンコやイトミミズなどの生餌を凍結・乾燥させたもの。メダカの好物なので食いつきがよく、また栄養価も高い。

●エサを与えるときに気をつけたいこと

1日1～2回
エサを与える回数は1日に1～2回ほどで充分。冬眠状態となる冬場はエサを与えなくても大丈夫。

5分で食べきれる量
メダカには胃袋がなく、食いだめをすることができない。また、エサの食べ残しは水が汚れてしまう原因となるので、「5分で食べきれる量」を目安にエサを与えよう。メダカがエサを食べる様子を見ながら、少しずつ与えるとよい。

食べ残しのそうじ
エサを食べきることができず、どうしてもエサが水底にたまってしまうことがある。放っておくとエサが腐り、水の汚れにつながるので、定期的にエサの食べ残しのそうじをする。

Q&A 色揚げ用のエサを使っても大丈夫？
最近は、メダカの色をより鮮やかにする「色揚げ用」のエサを販売する店が増えてきました。メダカの魅力をさらに引き出してくれますが、色を揚げるために含まれている成分は、あまり消化によくありません。メダカが消化不良を起こさないよう、与えすぎには注意して下さい。

エサの与えすぎは病気につながる
エサやりはメダカ飼育の楽しみのひとつですが、メダカが食べ残したエサは水底に沈み、やがて腐敗します。汚れた水のまま飼育していると、メダカの病原菌に対する抵抗力が落ち、病気にかかりやすくなります。また、エサの与えすぎはメダカの肥満を招き、腸内で消化不良を引き起こす原因となります。メダカを健康で長生きさせるコツは、エサを与えすぎないことです。

健康チェック

メダカの健康を管理しよう

せっかく飼ったメダカですから、少しでも長生きしてもらいたいものです。そのためには、メダカの健康チェックが欠かせません。日々の観察を通して、メダカの健康を管理しましょう。

▶▶ メダカの健康チェック

　普段から意識的にメダカの健康チェックを行なうことで、何か異変が生じた場合はすぐに気がつくことができます。エサを与えるときは、きちんと食べているか、食いつきはいいか、食べたエサをはき出していないかなどを確認します。

　また、姿形に変化がないかも合わせてチェックしましょう。いつもよりやせてきていないか、ヒレの先端が荒れていないか、体に綿のようなものがついていないかなどです。

　少しおかしいなと感じたら、水換え（76ページ）をして水質の改善を図り、様子を見ます。

　もし水面で口をパクパクする、その場をぐるぐると回るといった病気特有の行動が見られる場合は、そのメダカを他の容器に隔離し、治療を行ないましょう（87ページ）。

● 健康診断チェックリスト

見た目と行動

- ☑ いつもよりやせていないか
- ☑ ヒレの先がきれいに伸びているか
- ☑ 体に綿のようなものがついていないか
- ☑ 元気よく泳いでいるか
- ☑ 体にハリがあるか

エサの食べ方

- ☑ しっかりと食べているか
- ☑ 食いつきはいいか
- ☑ 食べたエサをはき出していないか
- ☑ 残したエサの量がいつもより多くないか

● 健康なメダカと不健康なメダカのちがい

メダカがいつも元気に泳いでいられるよう、健康状態には常に気を配りたいものです。下記を参考に、メダカの健康状態を定期的にチェックしましょう。

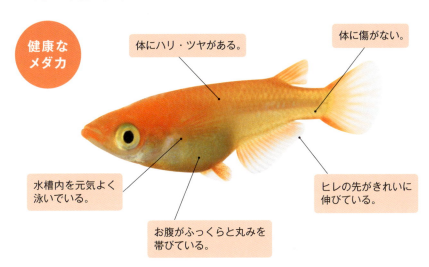

健康なメダカ
- 体にハリ・ツヤがある。
- 体に傷がない。
- 水槽内を元気よく泳いでいる。
- ヒレの先がきれいに伸びている。
- お腹がふっくらと丸みを帯びている。

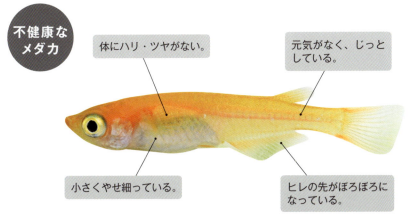

不健康なメダカ
- 体にハリ・ツヤがない。
- 元気がなく、じっとしている。
- 小さくやせ細っている。
- ヒレの先がぼろぼろになっている。

ワンポイントアドバイス｜メダカに異常を感じたら、すぐに水換えをしよう！

話すことができないメダカは、行動や姿によって体調不良を訴えます。その原因のほとんどは、水質の悪化にあります。水をきれいにすることで再び元気になるメダカは多いので、メダカに少しでも異常を感じたら、水換えを行ないましょう。その際、専用の掃除ホースを使い、底砂内の汚れも吸いとります。

水温の管理

最適な水温はどのくらい？

メダカは丈夫な生き物なので、比較的水温の変化には耐えることができます。しかし極端に暑かったり寒かったりすると、さすがに調子を崩してしまいます。メダカを長生きさせるには、水温の管理が必須です。

▶▶ 夏場は暑さ対策をしよう

メダカは体温の調節機能を持たない変温動物であり、水温の変化にはとても敏感です。

日本のメダカは0〜38度近くの水温で生きることができるといわれますが、メダカの活動にもっとも適した水温は、だいたい15〜28度です。

室内で飼育する場合、とくに気をつけたいのは夏場です。閉めきった部屋だと水温が40度近くにまで上昇する場合があります。

過度の水温の変化はメダカの健康に悪影響を与え、最悪死んでしまうことも。それを防ぐため、夏場は室内の風通しをよくしたり、水槽に小型のファンをつけたりするなどの暑さ対策を施しましょう。

また、1年中メダカの泳ぐ姿を見たいときは、ヒーターを使って水温を調整します。

● メダカと温度の関係

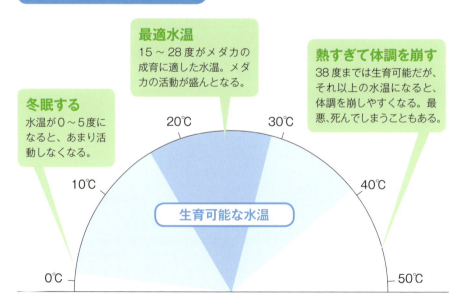

●室内の暑さ対策のポイント

Point1 エアコンをつける
夏場、室内の温度上昇を防ぐため、部屋を閉めきってエアコンを利用すると効果的。ただし、電気代がかかるというデメリットがある。

Point2 カーテンを閉める
太陽の光が部屋に差し込まないよう、カーテンを閉め、部屋を暗くする。これだけでもだいぶ室内温度の上昇を防ぐことができる。

Point3 風通しをよくする
部屋のドアや窓を開けて空気の流れをつくり、風通しをよくするだけで室温の上昇を防ぐことができる。

Point4 ライトの位置を高くする
ライトの位置を高くし、水面から離すことで、ライトの熱で水温が上昇するのを防ぐ。

Point5 小型のファンをつける
小型のファンを水槽に取りつけ、風を直接水面に当てる。気化熱を利用して水温を下げるため、水の減りが早い。こまめな足し水が必要。

Point6 エアーレーションを行なう
水温が高くなると、水中内における酸素量が不足しがちなので、メダカが酸欠にならないよう、エアーレーションを行なって酸素を供給する。

3章 メダカの飼い方【室内編】

●冬でも繁殖を楽しむときのポイント

Point1 ヒーターを使う
水槽内にヒーターを入れ、25度前後になるよう水温を調節する。こうすることで、冬でも繁殖に適した環境をつくることができる。

Point2 足し水をする
冬場は空気が乾燥するため、水槽内の水の蒸発量が多くなる。こまめに水槽を確認し、水が減りすぎていたら適宜水を足す。

加温飼育するときはどうすればいい？

室内飼育の場合、ヒーターを使って25度前後に水温を調整すれば、メダカが元気に泳ぐ姿を1年中見ることができます。もしこのような飼育をしたいときは、必ず水槽に水温計をセットし、きちんとヒーターが稼動しているかを確認しましょう。また水温管理に加え、1日に12時間以上の日照時間を確保すると、冬場でも繁殖行動を楽しむことができます。

メダカの飼い方

小さな容器でも飼うことはできる？

室内でメダカを飼おうとしても、場合によっては水槽を置く場所を確保できないこともあるでしょう。しかし安心してください。小さな容器でも、メダカを飼うことができるのです。

▶▶ 小さな容器で飼うコツ

　全長が3〜4センチメートルほどの小さなメダカを2、3匹飼う程度であれば、花びんやコップなどの小さな容器で飼うことは可能です。しかし水の量が少ないため、すぐに水が汚れてしまうというデメリットがあります。

　そこで、小さな容器でメダカを飼う場合は、水質の浄化に役立つ底砂と水草を入れましょう。ただしメダカの泳ぐスペースがなくなってしまうため、水草はごく少量にとどめます。また、フィルターを取りつけることができないので、1週間に一度は水換えをしましょう。これらに気をつけていれば、小さな容器でもメダカは健康で元気な状態で泳ぐことができます。

メダカは身の回りにある小さな容器でも飼うことが可能だ。ただし、狭いスペースにメダカを入れすぎると、メダカにストレスを与えてしまうので注意。

●小さな容器で飼うポイント

Point 1 水草と底砂を入れる

容器内の環境を整えるため、水草と底砂は必須アイテム。

Point 2 水をこまめに変える

小さな容器だと水が汚れやすいので、1週間に一度の割合で水換えをしよう。

Point 3 メダカを入れすぎない

小さな容器でもメダカがのびのびと泳げるようにしたい。

3章 メダカの飼い方【室内編】

季節の注意点

季節によって何を気をつければいい？

日本には四季があり、季節ごとに気温が異なるため、季節に応じた飼育を心がけることが大切です。春・夏・秋・冬、それぞれの季節に応じた飼育のポイントを解説します。

春　メダカが病気にならないように注意

春になると徐々に気温は高くなっていきますが、それでも夜の冷え込みが厳しい季節です。水槽内でヒーターを使用していない場合は昼夜の水温差も大きく、メダカが体調を崩してしまいがちです。食べ残しのエサで水質が悪くならないよう、エサの量を少し控えめにします。

また、水換えを10日に一度のペースで行ないましょう。

季節の特徴
- 昼夜の水温差が大きく、病気になりやすい

対策
- エサを与える量を控えめにし、食べ残しによる水質の悪化を防ぐ
- 水換えを10日間に一度くらいの割合で行なう

夏　暑さ対策を万全に

エアコンのない部屋では水温が大きく上昇する場合があるので、部屋を閉めきらず、風通しをよくしましょう。

また、水温が高い場合、メダカが食べ残したエサが腐り、水質が悪化しやすくなるので、エサを与えすぎないように注意します。

水換えは1週間に一度のペースで行ないます。

季節の特徴
- 日中、水温が大きく上昇する

対策
- 風通しをよくし、室内の温度が高くならないように気をつける
- エサを与える量を控えめにし、食べ残しによる水質の悪化を防ぐ
- 1週間に一度、水換えを行なう

秋　水温の変化に注意

　秋が深まると、再び昼夜の水温差が大きくなります。急激な水温の変化に耐えられず、体調を崩したり、病気になったりするメダカが急増するので、注意が必要な季節です。
　夏よりもエサの量を減らし、水質が悪化しないように気をつけましょう。また定期的に水換えを行ない、病気の予防につとめます。

季節の特徴
- 昼夜の水温差が大きく、病気になりやすい

対策
- エサを与える量を控えめにし、食べ残しによる水質の悪化を防ぐ
- 定期的な水換えで病気の予防につとめる

冬　メダカに刺激を与えない

　ヒーターを使用していない場合、水槽の設置場所によってはかなり水温が下がり、メダカはあまり活動しなくなります。エサを与えても食べないほど水温が下がっているときは、無理にエサを与えないようにします。
　また、水換えはメダカに刺激を与え、ストレスの原因となるので、行ないません。

季節の特徴
- 水温が大きく低下する

対策
- あまりエサを食べなくなったら、無理に与えない
- なるべくメダカに刺激を与えないよう、水換えは行なわない

Q&A ヒーターを使用しているときはどうすればいい？

　ヒーターを使い、加温飼育している場合は、冬でもメダカの行動は活発です。エサやりは1日に1〜2回、水換えは10日に一度くらいの割合で行ないましょう。また、水温が常に25度前後になるよう、水温計を使ってこまめに確認してください。もし産卵させる場合は、日照時間も意識しましょう。冬場は光量が少ないため、ライトを使って1日12時間ほどの光量を確保します。

水換えのやり方

どうやって水槽の水を換える?

メダカを健康に長生きさせるポイントは、きれいな水を保つこと。定期的に水槽内の水を新しい水に換えましょう。全水量の半分程度の水を新しい水に交換します。

▶▶ 一度に全部の水を換えない

飼いはじめはきれいな水でも、エサの食べ残しやメダカの糞などによって水槽内の水は徐々に汚れていきます。水が汚れたままだと、メダカが病気にかかりやすくなるばかりか、最悪の場合、死んでしまうこともあります。

それを防ぐため、定期的に水槽の水をきれいな水に換える「水換え」を行なう必要があります。季節によって異なりますが、大体10日に一度が目安です。

ですが、水槽の水をすべて一度に新しい水に換えてしまうと、水質の急激な変化にメダカがついていけず、ストレスで体調を崩してしまいます。水換えは、水槽内の水を半分抜いて、カルキ抜きをした新しい水を半分足すのが基本です。このとき、水槽内の水と新しい水の温度差がないように調節しましょう。

●水換えに必要な用具

水換え用のポンプ
水槽の水を抜くときに使用する。底砂のゴミを取り除く機能がついたポンプもある。

柄杓
ポンプではなく、柄杓を使って水を抜いてもよい。

バケツ
水槽からくみ取った水を入れる。複数あると便利。

新しい水
水換えをするときは、あらかじめカルキを抜いた水を用意しておく。

●水換えのやり方

1 電源をすべて抜く

ライトやフィルター、エアーポンプなどを使用している場合は、すべての電源を抜く。こうすることで、感電などのトラブルを防ぐ。

2 水を抜く

水換え用のポンプを使い、水槽から水を吸い出す。目安は全体の半分ほどの量。このとき、底砂のなかにたまっているエサの食べ残しや糞も取り除くとよい。

3 新しい水を入れる

あらかじめ用意しておいたカルキを抜いた水を、底砂が舞わないよう、静かに注ぐ。じょうろを使うと優しく注ぐことができる。

3章 メダカの飼い方【室内編】

ワンポイントアドバイス フィルターも定期的に掃除しよう

　フィルターは汚れた水をろ過し、きれいに保つ役割を果たす器具ですが、使用し続けると、当然、フィルター自体が汚れます。そこで、1か月に一度くらいの割合で、フィルターとろ過材を洗いましょう。
　このとき、水道水を使うとフィルターに定着したバクテリアが死んでしまい、ろ過能力が失われてしまうので、水槽内の水か、カルキ抜きした水を使用します。また、洗いすぎてもバクテリアがいなくなってしまうので、大きな汚れを軽く落とす程度で充分です。

コケ対策

コケが発生したらどうすればいい？

水槽にコケが発生してしまうと、美観を大きく損ねます。コケ自体がメダカに悪影響を与えることはありませんが、コケが発生したら定期的にメンテナンスをしましょう。

▶▶ コケが発生したら取り除こう

水槽でメダカを飼育する場合にどうしても避けることができないのが、コケの発生です。そのまま放置していると増える一方で、決して減ることはありません。そのため、コケが発生したときは、定期的に掃除をする必要があります。

ガラス面に生えたコケは、コケ取り専用のクリーナーを使うと、簡単にこすり落とすことができます。また、流木や底石などに生えたコケを掃除するときは、一度水槽内から取り出し、タワシなどを使ってこすり落としましょう。

タニシやミナミヌマエビといった生き物を水槽内に入れるのも効果的です。発生したコケをエサとするので、水槽をきれいに保つことができます。

●どうしてコケが生えるのか

エサの与えすぎ
メダカが食べ残したエサを栄養源としてコケは成長する。

ライトの点灯時間が長い
光を長時間当てると、コケは光合成を活発に行ない、大きく成長する。

水換えをしていない
水換えをしないと水質が悪化。コケの栄養源が増えてしまう。

メダカの数が多い
水槽の大きさに対してメダカの数が多すぎると、排泄物の量が増えて水質が悪化し、コケが発生しやすくなる。

●コケ掃除のやり方

1 道具を用意する

スポンジ
ガラス面を傷つけないよう、表面がやわらかいスポンジを使う。

スクレーパー
コケ取り用の道具。ガラス面にこびりついたコケを簡単に落とすことができる。

2 水槽内のコケを掃除する

メダカに注意
泳いでいるメダカを刺激しないよう、静かに行なおう。

こすって落とす
水槽内に直接手を入れ、スポンジやスクレーパーでコケをこすり落とす。

 コケの発生を防ぐにはどうしたらいい？

コケは、メダカの入れすぎやエサの与えすぎなどによる水質の悪化、光が当たる時間が長い、水換えをしていないなどの原因で発生する植物です。逆にいえば、これらに気をつけていれば、コケの発生を防ぐことは可能です。コケの発生を予防するため、エサを少なめに与えて食べ残しを防ぐ、フィルターのろ過能力を上げる、飼育数を減らすなどの対策をしましょう。

水草の維持・管理

伸びすぎた水草をトリミングする

水槽内の水草は、どんどん成長していきます。そのまま放っておくと、水槽が水草で覆われてしまいかねません。伸びすぎた水草は定期的に手入れを行ない、水槽内の環境を整えましょう。

▶▶ 伸びすぎた水草のデメリット

コケと同様に、水草も時間が経つにつれて成長します。水草は水質の浄化や水中内への酸素の供給といった役割を果たしますが、成長しすぎるとメダカの泳ぐスペースが狭くなったり、夜間、水草が呼吸をして水中内の酸素を奪ったりといったデメリットを引き起こします。また、枯れた水草は徐々に腐り、水質の悪化につながります。

水草が伸びすぎていると感じたら、はさみでカットして取り除きましょう。これをトリミングといいます。水草の種類によってトリミング方法は異なるので、図を参考にしながら行なってください。

有茎型（ゆうけいがた）やランナー（地下茎）を伸ばすタイプの場合は、切った部分をそのまま再利用することができます。スペースに余裕があれば、再度植えてみてはいかがでしょうか。

● 有茎型のトリミング

適当な長さにカットする

有茎型は成長が早いため、ロゼット型と比べて頻繁にトリミングする必要がある。水深に合わせて、適当なところでカットする。

上部を再利用する

切断した上部を再び植えて使用してもよい。再度根を張り、成長する。

下部を育てる

上部は捨て、下部をそのまま残してもよい。しばらくすると新芽を出す。

●ロゼット型のトリミング

外側の葉をカットする

株の中心が新芽、もっとも外側が古い葉なので、外側の古い葉の根元部分をカットする。

子株をカットする

ロゼット型の水草にはランナーと呼ばれるつるを伸ばし、子株を根づかせて繁殖するタイプがある。その場合は親株の根元付近からランナーをカットし、子株を取り除くとよい。

●浮き草のトリミング

枯れた部分をカットする

浮き草の場合はあまり手入れをする必要はないが、葉が枯れてしまった部分はカットし、取り除いたほうがよい。

●コケのトリミング

短く刈り込む

流木に付着して成長するウイローモスなどのコケは光が当たらないと枯れてしまうため、なるべく短い状態を維持する。

メダカの共生

メダカと一緒に飼える生き物って何？

メダカと一緒に他の生き物を飼うことができれば、水槽内はより一層華やいだものになります。メダカと一緒に飼うことができる生き物は限られますが、そのなかから自分の好みに合った生き物を選びましょう。

▶▶ メダカと生活圏が異なる生き物を選ぼう

　水槽内をにぎやかにしようと、メダカと一緒に他の生き物を飼いたいと思う方は多くいることでしょう。しかし、どんな生き物でも大丈夫というわけではありません。

　メダカを食べてしまう肉食性の生き物は当然ＮＧです。また、メダカは体の小さな生き物なので、メダカよりも体の大きな生き物はあまり好ましくありません。

　それでは、いったいどんな生き物なら大丈夫なのか。おすすめは、ミナミヌマエビやドジョウなどです。水面近くを泳ぐメダカに対して、両者とも水槽の底面付近を生活の場としているため、生活圏を分けることができます。またドジョウは底に沈んだエサを食べ、ミナミヌマエビは水槽に発生するコケを食べるので、水質の浄化にも役立ちます。

タニシはメダカのエサの食べ残しやコケを食べるため、水質の維持に役立つ。メダカと同じ環境下で生きることができるため飼いやすい生き物だ。

●一緒に飼うとメリットがある主な生物

ミナミヌマエビ

コケをエサとするため、水質をきれいに保つことができる。

レッドビーシュリンプ

ミナミヌマエビ同様、コケをエサとする。

ドジョウ

メダカが食べ残したエサを食べる。

タニシ

水中の植物プランクトンを食べ、水を浄化する。

●一緒に飼ってはいけない生物

金魚

体長の大きな金魚の場合、メダカを食べてしまうことがある。

ザリガニ

肉食動物なので、メダカを食べてしまう。

行動と意味

注意したいメダカの行動

メダカを飼っていると、様々な行動を見ることができます。しかしなかには、行動を通してSOSを訴えている場合も……。メダカが出すサインを見逃さず、適切な対処をしましょう。

▶▶ メダカが発するSOSサイン

　メダカはたんに泳ぐだけではなく、じつにいろいろな行動をします。たとえば、声をかけたり容器の縁を軽くたたいたりしながらエサを与えると、それを覚えたメダカは音がしただけで水面に寄ってくるようになります。なついているように感じられる愛らしい行動です。

　ただし、気をつけなければいけない行動もあります。とくに水面で口をパクパクする動作。思わずエサを食べたがっているのかと思いがちですが、じつはこの行動は、水中内の酸素が不足して苦しがっていることを示します。この行動が見られたら、水換えをするか、メダカの数を減らすなどの対処をする必要があります。通常では見られないような行動をとるときは何らかの原因を抱えていると思われるので、注意深く観察しましょう。

● 見ていて楽しい行動

呼ぶと水面に寄ってくる
声をかけたり、容器の縁を軽くたたいたりしてからエサを与えると、やがて音がしただけで水面に上がるようになる。

エサを食べる
エサをパクパクと食べる姿はとても愛らしい。エサの与えすぎには注意。

●注意したい行動

水面で口をパクパクする
エサをほしがっているのかと思ってしまいがちだが、実際は水中内の酸素が足りず、苦しがっているサイン。もしこのような行動をするメダカを見つけたら、水換えをするか、エアーポンプで酸素を送り込むとよい。

水底でじっとしている
水温が低くないにもかかわらず、元気がなく、水底であまり動かない場合は、病気か体調不良の証。注意深く観察を続け、もし病気にかかっている場合は、他のメダカにうつらないよう、別の容器に隔離する。

ぐるぐる回る
遊んでいるわけではなく、ストレスを感じていたり、体調が悪かったりするとき、このような行動をすることがある。ストレスを感じさせるものがあれば、それを取り除く。病気かもしれないと感じたら、ひとまず別の容器に隔離し、経過を観察する。

水底に体をこすりつける
ストレスを感じているときに見られる行動。しばらく様子を見て、場合によっては水換えを行ない、環境をリフレッシュする。

病気対策

病気の予防につとめよう！

人間同様、メダカもときには体調を崩し、病気にかかることがあります。病気は、早期発見・早期治療が何よりも大切です。日頃からメダカの姿や行動をよく観察し、異変がないか確認しましょう。

●主な病気と対処法

白点病(はくてんびょう)

- 症状
  - 体やヒレに白点が現われる
  - 植物や水底などに体をこすりつける
- 原因
  - 繊毛虫(せんもうちゅう)の寄生
- 対処法
  - 繊毛虫は熱に弱いので、水温を約30度に保つとよい
  - 市販の薬剤で治療する

水カビ病

- 症状
  - 体に白い綿毛のような水カビが発生する
- 原因
  - 体の傷口に水カビ菌が付着
- 対処法
  - 塩水で治療する
  - 市販の薬剤で治療する

尾ぐされ病

- 症状
  - 尾ビレの先が溶けてぼろぼろになる
  - ヒレから出血する
- 原因
  - カラムナリス菌の寄生
- 対処法
  - 塩水で治療する
  - 市販の薬剤で治療する

エロモナス病

- 症状
  - 体に出血班が見られる
  - 腹部が大きくなる
- 原因
  - 水質悪化に伴う細菌への感染
  - ストレスや過密飼育による酸素不足
- 対処法
  - 水質を改善する
  - 市販の薬剤で治療する

▶▶ 早期発見・早期治療

メダカは丈夫な生き物ですが、ときには病気にかかってしまうことがあります。小さなメダカにとって、病気は致命傷になりかねません。図のような病気の兆候が体に見られたら、すぐに他の容器に隔離し、適切な治療を行ないます。治療は、市販の薬剤や塩水で行ないます。薬剤は説明書をよく読んで使用しましょう。塩の量の目安は、下の表を参考にしてください。

● 主な治療薬

メチレンブルー水溶液

白点病、尾ぐされ病、水カビ病の治療・予防に効果がある。

グリーンFゴールド

皮膚炎や尾ぐされ病などの感染症の治療・予防に効果がある。

塩

塩化ナトリウムの殺菌成分が病原菌を死滅させる。

■ 水量に対する塩の量の目安

水量	塩の量
1リットル	5グラム
2リットル	10グラム
3リットル	15グラム
4リットル	20グラム
5リットル	25グラム

● メチレンブルー水溶液へのメダカの入れ方

1 小型容器に薬剤を溶かす

薬剤の注意書きをよく読み、水量に対して適切な量の薬剤を入れる。

2 メダカを入れる

メダカを入れて様子を見る。できれば毎日新しい水溶液を用意しよう。

水槽の大掃除

大掃除が必要なのはどんなとき？

定期的に水換えを行なっていれば、きれいな水を保つことができます。ですが、ときには病気のメダカが発生することも。その場合は水槽の大掃除を行ない、一度環境をリセットしましょう。

▶▶ 大掃除の流れ

もしもメダカが病気にかかってしまったり、突然メダカが死んでしまったりといったようなことが起きたら、水槽の大掃除を行ないましょう。

まずメダカを一時的に他の容器に避難させ、水槽内のものをすべて取り出します。そして水槽をはじめ、フィルターや底砂、水草などを水道水できれいに洗い、再び水槽をセットして終了です。このとき、ろ過材は軽くすすぐ程度で充分です。あまり洗いすぎると、せっかく発生したバクテリアが死んでしまい、ろ過能力がなくなってしまうためです。

メダカを水槽に戻すときは、水合わせ（64ページ）を忘れずに行なってください。また、病気になってしまったメダカは別の容器に移して隔離しましょう。

> **ココに注意！**
> **大掃除後、いきなりメダカを戻さない**
> 水槽の大掃除後、すぐにメダカを戻すと、新しい環境に慣れずにメダカが全滅してしまうことがあります。焦りは禁物です。しっかりと水合わせを行ない、新しい環境に慣らしてから、メダカを水槽に戻しましょう。

● 水槽の大掃除を行なうために必要なもの

バケツ
水槽内のメダカを一時避難させるために用いる。

スポンジ
水槽の掃除を行なうときに使用。

カルキ抜きした水
あらかじめ新しい水を用意しておく。

● 水槽の大掃除の手順

1 メダカを避難させる

水槽内のメダカを用意しておいたバケツに移す。病気のメダカは別の容器に隔離する。

2 水槽内を空にする

水槽内で使用しているフィルターやライト、水草、底砂などを取り出し、水槽を空にする。

3 水槽を洗う

水道水を使い、水槽をきれいに掃除する。洗剤は使わない。

4 水槽をセットする

水槽がきれいになったら、再び水槽をセットし、メダカを移す。

Q&A 水槽を洗うときは洗剤を使う？

　水槽をきれいにするためには洗剤を使ったほうがよいのではと考えるかもしれませんが、これはNGです。洗剤の成分は、メダカにとっては害です。どんなによくすいだとしても、洗剤の成分は取りきれません。そのまま水を注ぐと、洗剤の成分が水に溶け出し、水槽内のメダカが全滅する恐れがあります。水槽を洗うときは、水道水を使用しましょう。

困ったときの対処法

こんなときどうすればいい？

メダカを飼育しているなかで、ときには困った問題に直面することがあるでしょう。よく聞かれるのは、長期不在時のメダカの対処法と、室内から屋外飼育への切り替え方です。ここでは、その2つのお悩みに答えます。

▶▶ 長期不在時のポイント

旅行や出張などで、やむをえず長期間、家を離れなければならない場合があります。とはいえ、家を出る前に大量にエサを与える行為はNGです。結局食べきれず、水質の悪化を招くことになってしまいます。健康なメダカであれば、1～2週間ほどだったら何も食べなくても問題なく乗りきれます。

心配であれば、タイマーがついた自動給餌器（きゅうじ）を使用しましょう。水槽のライトを切り、部屋の日を遮って真っ暗にし、メダカがあまり動かないようにしておくと効果的です。

また、水槽内の水は自然と蒸発するので、足し水を忘れないようにしてください。

●長期間留守にする場合の注意点

足し水をする
時間が経つと水は蒸発するので、水が少なくならないよう、あらかじめ水を足しておく。

照明を切る
ライトのスイッチを切って暗くし、メダカの活動を最小限にとどめる。

部屋を暗くする
部屋全体を暗くし、メダカがあまり行動しないようにする。

▶▶ 室内から屋外飼育へ移行したい場合

室内でメダカを飼育していて、何らかの事情で屋外飼育へ切り替えたい場合は、季節を選ぶことが大切です。冬場は室内と屋外の水温差があまりにも激しいため、この時期の移動はメダカに過度な負担をかけてしまいます。また、春先の3、4月は屋外における昼夜の水温差が激しい季節なので、この時期も避けたほうが無難でしょう。

室内から屋外飼育へ移行するベストのタイミングは、5月～10月です。この時期は比較的水温が安定しているので、メダカにとってもそれほど負担にはなりません。

●移動に最適な季節

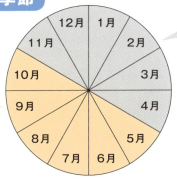

最適な季節
5月～10月は比較的水温が安定している時期なので、室内から屋外へ移すタイミングとしては望ましい。

避けたほうが無難
3月、4月は屋外における昼夜の水温差が激しく、移動がメダカの負担となるため、避けたほうがよい。また、冬場は室内と屋外の気温差があり、同じくメダカに負担がかかるため避ける。

●室内から屋外への移し方

1 メダカを移す

飼育容器内の水と一緒にメダカを移す。このとき、メダカに刺激を与えないよう、丁寧に行なおう。

2 水合わせをする

メダカを飼育容器に移すときは、まず水合わせを行なう（64ページ参照）。メダカを飼育容器の水に慣れさせてから移そう。

4章

メダカの飼い方
【屋外編】

室内飼育と屋外飼育とでは、飼い方が異なります。
いったい何を意識すればいいのか。
4章では屋外における
メダカの飼い方について解説します。

Q. 飼育容器を置くとき、何に注意したらいい？
A. 日差し、雨、小動物などの天敵対策をしましょう ➡94ページ

Q. どうやって飼育容器を準備する？
A. あらかじめ設置場所を決めましょう。その後、本書の手順に基づき容器をセットします ➡102ページ

Q. エサはどのくらい与えればいい？
A. メダカの食べる様子をよく観察し、エサの量を決めましょう ➡104ページ

Q. 春、夏、秋、冬、どのように世話をすればいい？
A. 季節に応じた管理法を意識してください ➡106ページ

Q. 屋外ではどのように水換えをする？
A. 一度に換える水の量は飼育容器の半分ほどです ➡118ページ

Q. 水換えをしない飼育方法って？
A. 容器内に自然環境に近い状態を再現します ➡120ページ

Q. どんな生き物がメダカを狙う？
A. 最大の天敵は、トンボの幼虫・ヤゴです ➡122ページ

設置場所と注意点

飼育容器を置くときのポイント

屋外で飼う場合、飼育容器を置く場所は玄関先、庭、ベランダのいずれかになるでしょう。飼育容器を設置するにあたり、いったい何に気をつければいいのか。屋外に設置する際のポイントは、日当たりと雨対策です。

▶▶ 理想的な設置場所

水槽と同様、水を入れた飼育容器はかなりの重さになるので、まずは外のどこに置くかを決めましょう。できれば午前中だけ日当たりがよい場所に置くのがベストです。ただし、夏場の日差しが強いときには容器内の水温が上がりすぎてしまうため、日除けをつくるとよいでしょう。

また、屋根がないところでは、大雨のときに飼育容器内の水があふれ、メダカが一緒に外に出てしまうことがあります。重い飼育容器を動かすのは大変なので、飼育容器に穴を開けて水があふれない工夫をしたり、雨が降りそうな日にはあらかじめふたをしたりするなどの対応をしておくと安心です。

● 庭に設置する際の注意点

日陰をつくる
夏は日差しが強く、水温がすぐに上がってしまうため、よしずなどで日陰をつくり、メダカの避難場所をつくるとよい。

雨天時の対策
雨量が多いときは容器から水があふれ、メダカも一緒にこぼれ落ちてしまうことがある。雨天時は雨が入り込まないよう、ふたをするか、屋根のある場所に移すといった対策をするとよい。

平らな場所に設置
飼育容器が安定するよう、平坦な場所を選んで置こう。

●ベランダに設置する際の注意点

鳥対策をする
ベランダが鳥の通り道になっている場合は、鳥が飼育容器内のメダカをいじらないよう、アミなどを置く。

日陰をつくる
夏は水温が高くなりすぎないよう、よしずなどで日をさえぎる。

床面に直接置かない
夏、床面の材質によっては極度に熱くなることがある。飼育容器内の水温上昇を防ぐため、スノコや人工芝などを敷き、その上に飼育容器を置く。

●玄関先に設置する際の注意点

天敵対策をする
比較的、小動物や鳥などが入り込みやすいため、アミを置くなどの対策をしておくと安心。

床面に直接置かない
床面がコンクリートやアスファルトの場合、夏は極端に熱を持つため、スノコなどを敷き、熱が飼育容器に直接伝わらないようにする。

4章 メダカの飼い方【屋外編】

屋外レイアウト

いろいろなレイアウトを楽しもう

室内同様、屋外でも様々な容器を使うことができます。ここで紹介するような例を参考にし、自分好みのレイアウトをつくってみましょう。

少し大きめの陶器のなかに別のスイレン鉢をレイアウトしたものです。あまりスペースがなくても、メダカを飼いながらガーデニングを楽しむことができます。

ガラス水槽を屋外で使用することもできます。ガラス水槽は視認性が優れているので、メダカの観賞に適しています。

スイレン鉢はもっともポピュラーな飼育容器です。花の美しさとメダカの愛らしさを合わせて観賞することができます。

トロ舟に土を敷き、水草を植えて自然の状態に近づけたものです。庭の雰囲気によく合い、オブジェとしても最適です。

木製の水桶を飼育容器にすることも可能です。レイアウト次第で、すてきな飼育容器に早変わりします。

ガーデニング用の鉢に自然の雰囲気を再現。様々な水草を使って見た目の変化を出しています。

プラスチック製の容器にメダカを入れただけのシンプルなレイアウトです。底砂や水草がなくても、メダカを飼うことは可能です。

飼育容器のセット

どうやって飼育容器を準備する？

どの飼育容器にするか、どこに置くかが決まったら、実際に飼育容器をセットしましょう。水はあらかじめカルキを抜いておき、いざメダカを入れる際は、必ず水合わせを行ないます。

▶▶ 飼育容器をセットしよう

　水草と一緒に飼育を楽しみたいときは、まず容器に底砂を敷いていきます。それから底砂が舞わないよう、カルキ抜きをした水を静かに注ぎます。

　水草は、水を張ったあとに植えていきます。このとき、あらかじめ植物を植え込んだ植木鉢をそのまま置いてもよいでしょう。水草を変えるときは植木鉢ごと変えればいいので、飼育容器の管理がしやすいというメリットがあります。

　こうしてメダカを迎え入れる準備が整ったら、水合わせ（64ページ）をしてメダカを放していきます。

　なお、屋外飼育ではフィルターやエアーポンプといった器具は基本的に必要ありません。水草や底砂がその役割を担ってくれます。

あらかじめ底をふさいだ植木鉢に水草を植え、飼育容器内に入れると管理がしやすい。このとき、飼育容器に対してやや小さめの植木鉢を選ぶ。

●飼育容器セットの手順

1 水をつくる

メダカを飼うことが決まったら、まずは水道水のカルキを抜き、飼育用水をつくる。

2 設置場所を決める

メダカを迎える前に、日当たりはどうか、水平な場所かなどを考慮し、設置場所を決める。

3 底砂を敷く

土に根を張る水草を植える場合は、飼育容器に底砂を敷く。

4 水を入れる

土が水中に舞わないよう、あらかじめ用意しておいたカルキ抜きの水を静かに注ぐ。

5 水草を植える

水草を植える場合は、水を入れたあとに行なう。鉢植えを沈める場合も同様。

6 メダカを入れる

準備が整ったら、水合わせ（64ページ参照）をしてからメダカを入れる。

エサの与え方

エサはどのくらい与えればいい?

屋外飼育でメダカにエサを与えるときは、容器内に自然発生する微生物の存在を考慮しましょう。エサを与えすぎても食べきれないので、室内飼育よりも量を少なめにします。

▶▶ エサやりのポイント

屋外飼育の場合も、室内飼育のときと同じ人工飼料を使用します。ただし屋外だと、メダカのエサとなる藻類やミジンコなどが自然発生し、メダカはそれらを食べて過ごします。エサを与えるときは、メダカの食べる様子を観察しながら少しずつ与えましょう。5分で食べきれる量を1日1〜2回与えます。

また、室内とは異なり、メダカは季節のちがいを敏感に感じとります。活発な行動を見せる夏場はエサを多めに、あまり行動しない冬場はエサを少なめにするといった具合に、メダカの動きをよく観察しながらエサの量を調整しましょう。エサの食べ残しは水質の悪化につながるため、水が汚れないようなエサやりを心がけたいものです。

● 屋外でエサを与える際の注意点

エサやりは1日1〜2回
屋外では飼育容器内にメダカのエサとなるプランクトンなどが自然発生するので、エサやりは1日1〜2回で充分。エサの量は、メダカの食べっぷりを見て調整しよう。

季節に応じてエサの量を変える
メダカの活動量は水温によって異なるので、活動が盛んな暖かい時期は少し多めに、あまり動かない寒い時期は少なめにといった具合に、季節に応じてエサの量を工夫するとよい。

●メダカをよく観察し、エサの量を決める

エサを与える
→ 1分ほどで食べ終わる → 追加でエサを与える
→ 5分でも食べきらない → エサの量を減らす

メダカがエサを食べている姿見たさに、ついエサを与えすぎてしまいがちだが、エサの食べ残しは水質の悪化につながり、最悪、メダカが病気にかかってしまうこともある。上記のように、少しずつエサを与えてメダカの食べる様子を観察し、エサの量を調節するとよい。

Q&A グリーンウォーターって何?

屋外で飼育していると、水の色が緑がかってくることがあります。これをグリーンウォーターといいます。緑色に見えるのは、水槽内で植物プランクトンなどの微生物が発生しているためです。メダカにとってエサが豊富な状態なため、エサを与えなくても元気に成長します。ただし、グリーンウォーターが濃い緑色、もしくは茶色になったときは要注意です。水質悪化のサインなので、水換えを行ないましょう。

季節の管理

春・夏・秋・冬、どのように世話をする？

日本には四季があり、1年を通して気温が変動します。暖かい時期と寒い時期ではメダカの活動が異なるので、季節に応じた管理の仕方を心がけましょう。

1月の管理

　冬本番を迎え、1年でもっとも寒さの厳しい時期です。水温は10度を下回る日がほとんどで、メダカは飼育容器の底でじっとしています。冬眠期にあたるため、エサを与える必要はありません。

　また、冬場は空気が乾燥しており、思っている以上に飼育容器内の水は蒸発して少なくなっていきます。冬眠しているメダカを刺激しないよう、じょうろを使ってこまめに水を足しましょう。

　なお、大雪が予想される日は、雪が飼育容器に入り込まないよう、ふたをするなどの対策をしましょう。

管理のポイント

- エサは与えない。

- 水換えはしない。
- 水が蒸発しやすいので、こまめに水を足す。

- 雪が予想されるときは、飼育容器にふたをして、雪が入り込まないようにする。
- 春を見すえて、飼育容器を置く場所や育成・繁殖の計画を立てる。

2月の管理

まだまだ寒い日が続く季節ですが、下旬になると日差しが伸び、徐々にメダカが動き出します。そのような様子を見ることができたら、週に一度、暖かい日にごく少量のエサを与えましょう。冬眠後のメダカは消化器官の働きが鈍いため、与えすぎには注意してください。

また、1月同様、こまめな足し水をして飼育容器内の水が不足しないよう、気を配りましょう。

春、スイレンなどの水生植物を飼育容器に植えたい場合は、この時期までに植え替えや株分けを行なっておきます。

落ち葉の下に身を潜めて越冬するメダカ。冬眠するとき、メダカは物陰に隠れる性質を持つので、落ち葉のように、隠れることができるものを飼育容器に入れるとよい。

管理のポイント

エサやり
- 日差しが暖かい日を選び、週に1回、ごく少量のエサを与える。

水換え
- 水換えはしない。
- 蒸発した分の水を足す。

作業
- 雪の予報の日は、飼育容器にふたをする。
- 水草は2月までに植え替えや株分けを行なうとよい。

3月の管理

　徐々に暖かい日が増えてくる時期です。飼育容器内の水温をチェックし、12度を上回る日は、ごく少量のエサを与えましょう。ただし、2月同様、消化器官の働きが鈍いため、エサの与えすぎには注意しましょう。エサを与えすぎると、消化不良を起こし、突然死んでしまうことがあります。

　また、暖かくなってきたとはいえ、まだ活性が低い（エサをあまり食べない）ので、メダカに刺激を与えないよう、水換えは控えましょう。水が蒸発して少なくなっていたら、水を足してください。

　飼育容器内に繁茂しているアオミドロなどの藻や、枯れた水草の葉などがあれば、メダカが引っかかってしまわないよう、取り除きます。

　春から夏にかけてメダカの繁殖を楽しみたい場合は、繁殖用の容器をどこにセットするか、前もって考えておきましょう。

管理のポイント

 エサやり

- 水温が12度を上回る日は、ごく少量のエサを与える。
- エサの与えすぎは消化不良を引き起こす。最悪、体内で有毒物質が発生し、死んでしまうことがあるので注意。

 水換え

- まだメダカが活動的ではないので、水換えはしない。
- 蒸発した分だけ水を足す。

 作業

- 藻が生い茂っていたら取り除く。
- 繁殖を行なう場合は、この時期に繁殖スペースを確保し、繁殖容器の準備をする。

4月の管理

気温が高くなり、水温も10度を上回る日が増えてきます。メダカの動きが徐々に活発になってくる季節なので、エサやりは1日に一度行ないます。なお、開封から1年以上経過した人工飼料を与えると消化不良を引き起こすことがあるので、新しいエサを購入しましょう。

また、この時期になると産卵するメダカを見ることができます。産卵期だから栄養が必要だと考えて多めにエサを与えてしまいがちですが、まだメダカは本調子ではありません。消化しきれずに病気になることがあるので、エサの量は控えめにしましょう。

水温が15度を上回るようであれば、水換えを行ないます。

春になると、メダカは活動的になる。

管理のポイント

 エサやり

- 1日1回、ごく少量のエサを与える。ただし、水温が10度を下回っているときは与えない。
- エサの与えすぎに注意。

 水換え

- 水温が15度を上回っていれば、水量の半分ほどの水換えを行なう。

 作業

- 繁殖に備え、産卵床の用意をする。
- 無精卵（白くにごっている。142ページ参照）を取り除く。

5月の管理

　日中の平均気温が20度を超え、日差しも徐々に長くなってくる季節ですが、上旬はまだ水温が低めに推移します。メダカの様子を見ながら、エサやりは1日1回、ごく少量にとどめましょう。中旬以降になると、日中汗ばむくらいの陽気が続くので、メダカの動きも活発になります。食べ残しがないように気をつけながら、1日に2回エサを与えましょう。

　水温が20度を超えたら、飼育容器の大掃除を行ないます。冬の間に堆積したゴミを取り除くとともに、ひそかに入り込んでいるヤゴなどの害虫をこのときにしっかりと駆除しておきましょう。その後は、10日に一度のペースで水換えを行ないます。

　また、繁殖させたい場合は、飼育容器に産卵床を入れておきましょう。

この時期になると、繁殖活動が本格化する。

管理のポイント

 エサやり

- 水温が低い場合は、1日に1回、少量のエサを与える。
- 水温が高く、メダカの動きが活発な場合は、1日に1～2回、エサを与える。

 水換え

- 10日に1回、水換えを行なう。

 作業

- 水温が20度を超えたら、飼育容器の大掃除を行なう。
- 産卵活動に備えて、産卵床を飼育容器に入れる。

6月の管理

　全国的に梅雨の季節であり、天候が不安定です。暖かく、水温が高い日のエサやりは1日2回行なえばよいですが、水温が低い日は1日1回で充分です。また、暖かい日よりもエサの量は控えめにしましょう。

　この時期は雨対策も必要です。連日続く雨で飼育容器内の水があふれてメダカが流されてしまわないよう、あらかじめふたをするか、屋根のあるところに移動するかなどの対策をしましょう。

　また、水質が悪化しやすい時期でもあります。もし飼育容器内の水が濃い緑色、もしくは茶色に変色したら、それは水質悪化のサインです。メダカが病気にならないよう、早々に水換えを行ないましょう。

暖かい日が続くのに、メダカがやせてしまうのは水質悪化のサイン。

管理のポイント

 エサやり
- 暖かい日は1日に1～2回、エサを与える。
- 肌寒い日は1日に1回、少量のエサを与える。

 水換え
- 水が濃い緑色、または茶色に変化した場合は水換えを行なう。

 作業
- 稚魚（ちぎょ）が成長して飼育容器内のメダカの数が増えてきたら、飼育容器を大きくするか、メダカを別の飼育容器に移す。

7月・8月の管理

　梅雨が明けると、いよいよ夏本番です。30度を超える日が続くため、必然と水温も高くなります。水温が上がりすぎないよう、すだれなどで飼育容器に日陰をつくるといった対策をしましょう。メダカの体調が悪くなりはじめる水温33度を超えないように気をつけます。

　また、夏はメダカが活発に動くため、エサやりは1日に1～3回行ないます。エサの量は春よりも少し多めにします。

　ただし、この時期は食べ残したエサが腐りやすいので、すぐに水質が悪化してしまいます。エサを与えるときは、食べ残しがないように気をつけましょう。もしエサが残ってしまった場合は、それを取り除くか、水換えを行なって水質の悪化を防ぎます。

　水換えをした際、もし水から腐敗臭がしたら、容器の大掃除を行ないましょう。

水温が20度を超えると、メダカの動きは活発になる。

管理のポイント

 エサやり

- 水温が安定してきたら、1回のエサの量をやや多めにする。
- 回数は1日に1～3回程度。
- 食べ残したエサを取り除くか、水換えをする。

 水換え

- 10日～2週間に1回、水換えを行なう。
- グリーンウォーターが濃くなった場合は水換えを行なう。
- 飼育容器内の水から腐敗臭がしたら大掃除を行なう。

作業

- 飼育容器に日陰をつくる。
- 風通しをよくする。
- 水温が33度を超えないようにする。
- 繁茂した水草や藻をこまめに除去する。

 確実に卵を確保する

8月は繁殖シーズンの終盤です。もしメダカの子どもを残したい場合は、この時期に確実に卵を確保しておきましょう。受精卵がついた産卵床ごと、フ化用水槽に移します（148ページ参照）。秋になると急激に気温が下がるため、フ化が難しくなります。

9月の管理

秋に入ると、少しずつ日が短くなってきます。日除けを取り除き、1日に3～4時間ほど日が当たるようにしましょう。

まだ暑い日が続く季節ですが、少しずつ気温は下がっていきます。夏場と同じようにエサを与えると、メダカが消化不良を起こしてしまうことも。一度に与えるエサの量は、夏場よりも少なめにします。

水が悪くなりやすい時期でもあるので、1週間に一度、水換えを行ないましょう。伸びすぎた水草や繁茂した藻も、こまめにトリミングします。

また、この時期はとくに台風に気をつける必要があります。台風が近づいてきたら、雨で飼育容器内の水があふれ出ないようにふたをしましょう。ふたが強風で飛ばされないよう、重しを乗せることを忘れずに。

生い茂った藻は取り除き、伸びすぎた水草はトリミングする。

管理のポイント

 エサやり
- 夏よりも1回に与えるエサの量を少なめにする。

 水換え
- 1週間に1回、水換えを行なう。
- 水が濃い緑色になったり、にごったりした場合は、水換えを行なう。

 作業
- 日除けをとり、日当たりを確保する。
- 伸びた水草や繁茂した藻はこまめに取り除く。

10月の管理

　10月は季節の変わり目にあたり、天候が不安定な時期です。ときには20度を下回る日もあるので、水温が低い日はエサを少なくするなどの調整をします。ただしこの時期は、冬を越すための体力をつける準備期間でもあります。1日に一度は、必ずエサを与えましょう。

　また、比較的暖かい日を選び、飼育容器の大掃除を行なっておきたいところです。冬に備えて、飼育容器内の害虫やゴミを一掃します。その後は、10日～2週間に一度、水換えを行ないましょう。

　10月も台風が多い時期なので、台風が近づいてきたらしっかりと対策を行なうことが大切です。

　なお、屋外飼育から室内飼育へ移行したい場合は、この時期までに行ないます。

室内飼育への切り替えは、屋外と室内の温度差が小さい時期に行なうのがベスト。

管理のポイント

 エサやり
- 1日1回、少量のエサを与える。

 水換え
- 10日～2週間に1回、水換えを行なう。

 作業
- 飼育容器の大掃除を行なう。
- 屋外から室内へ移動したいメダカがいる場合は、この時期までに移動しておく。

11月の管理

　11月に入ると、朝と夜との気温差が大きくなります。できれば、水温が低い朝や夜ではなく、暖かい時間帯を選んで、ごく少量のエサを1日に一度与えたいところです。

　地域によっては、最高気温が10度を下回るところもあります。寒いとメダカは動かなくなるので、その場合は無理にエサを与える必要はありません。メダカの動きをよく見て、判断しましょう。

　水換えは2週間に一度のペースで行ないます。ただし下旬以降はメダカの活性が低くなり、わずかな刺激でもメダカにとっては大きな負担となります。そのため、このときに行なう水換えを年内最後とします。

　なお、10月に飼育容器の大掃除を行なえなかった場合は、11月の比較的暖かい日を選んで行ないましょう。容器内にヤゴなどメダカを捕食する虫がいると、冬の間にメダカをすべて食べられてしまいます。それを防ぐため、ここでしっかりと駆除しておきたいものです。

管理のポイント

 エサやり

- 1日1回、ごく少量のエサを与える。
- 暖かい時間帯を選んでエサを与える。
- 水温が10度を下回る場合はエサを与えない。

 水換え

- 2週間に1回、水換えを行なう。
- 下旬に行なう水換えを年内最後にする。

 作業

- 10月に容器の大掃除を行なえなかった場合は、この時期に行なう。

12月の管理

いよいよ冬到来です。早朝は氷点下まで気温が下がることがありますが、日中は10度を超える日もあります。水温をチェックし、12度を上回る日があれば、少しだけエサを与えましょう。もしメダカがエサを食べなければ、以降、冬眠から覚めるまでエサを与える必要はありません。

また、メダカには落ち葉や水草の下などの物陰に隠れて冬眠するという習性があります。もし飼育容器内にそのような場所がなければ、適度に落ち葉を入れておきましょう。

この時期は、メダカはほとんど動かなくなります。メダカが冬眠状態に入ったら、何もせずにそっとしておきましょう。もちろん水換えも行ないません。なるべく刺激を与えないようにします。

水温が下がり、メダカは冬眠の準備をしはじめる。

管理のポイント

 エサやり
- 水温が12度を上回る日は、1日1回、ごく少量のエサを与える。
- エサを食べる様子が見られなければ、それ以降はエサを与えないようにする。

 水換え
- 水換えはしない。

 作業
- 冬眠用の落ち葉などを飼育容器に入れる。

水換えのやり方

屋外ではどのように水換えをする？

屋外飼育の場合も、食べ残しのエサや糞などで水は汚れていきます。季節によって頻度は異なりますが、定期的に水換えを行ないましょう。やり方は室内飼育のときと同じです。

▶▶ 水の半分を新しいものに換える

まず、水換えを行なう前にカルキを抜いた水道水を用意します。

次に、飼育容器の半分ほどの水を抜きとります。このとき、水抜き用のポンプがあると便利です。柄杓（ひしゃく）やバケツなどを使って水を抜くときは、メダカを逃がさないよう気をつけながら行ないましょう。

また、飼育容器内にゴミがあれば、一緒に取り除きます。

水を抜いたら、カルキを抜いた水道水を足します。メダカを刺激しないよう、じょうろなどを使って優しく注ぎます。

なお、屋外の場合は室内よりも蒸発する水の量が多いため、飼育容器内が干上がらないよう、定期的に足し水をしましょう。

● 定期的に水を足す

水は蒸発する
何もしなくても、水は少しずつ蒸発する。夏はとくに蒸発量が多く、水が減りやすいので、定期的に水を足す。

静かに水を足す
飼育容器内で泳いでいるメダカに刺激を与えないよう、水を足すときはそっと行なおう。

●水換えのやり方

1 新しい水をつくる

水換えを行なう前に、あらかじめ水道水のカルキを抜いておく。

2 ゴミを取り除く

水を入れ替える前に、飼育容器内で目につくゴミは取り除こう。

3 水を抜く

柄杓や水換え用のポンプなどを使い、全体の半分ほどの量の水を抜く。

4 新しい水を足す

抜いた水の量分、新しい水を足す。このとき、泳いでいるメダカに刺激を与えないよう、できるだけ静かに水を注ぐ。

ワンポイントアドバイス　冬は水換えをしない

水温が下がると、メダカの活動は低下し、冬眠状態に入ります。下手に刺激を与えると、ショックで死んでしまうことがあるので、12月から3月の間は水換えをしないでおきましょう。メダカの冬眠をそっと見守ってあげてください。

> ビオトープのやり方

水換えをしない飼育方法って?

比較的大きな容器に底砂を敷いて水生植物を植え込み、エサの回数・量を控えめにすると、水換えをしない飼育環境をつくることができます。自然の生態を活かした飼育方法です。

▶▶ 生態系のしくみ

屋外飼育では、容器内に自然環境下に近い状態を再現することで、水換えなしでも飼育することができます。なぜそのようなことが可能なのか。それは、容器内でひとつの生態系が生み出されるためです。

生き物は、互いに食べたり食べられたりといった関係性のもとで成り立っています。メダカの飼育容器で見ると、容器内に発生した植物プランクトンを動物プランクトンが食べ、さらにメダカが動物プランクトンを食べます。そしてメダカから排泄される糞は、土のなかの微生物が分解し、植物の栄養源となります。植物はそれによってすくすくと育ち、光合成をして水中内に酸素を供給します。

このようなしくみによって、人が手を加えなくてもメダカは生きることができるのです。

●ビオトープって何?

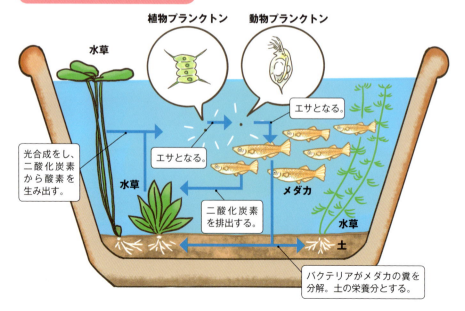

120

●水換えのいらない飼育環境のつくり方

1 底砂を敷く

荒木田土など水草用の底砂を厚さ5センチメートルほどに敷きつめる。

2 水を入れ、水草を植える

土が水中に舞わないよう、静かに水を入れる。その後、水草を植えていく。

3 1週間ほど太陽の下に置き、環境を安定させる

バクテリアが水質を浄化
土のなかで繁殖する微生物や細菌が、養分として水中内の毒素を吸収し、水をきれいにする。

エサとなる微生物の発生
飼育容器内でメダカのエサとなる植物プランクトンやミジンコなどが自然発生する。

エサの量は少なめに

飼育容器内にビオトープを再現するときに気をつけたいのが、エサの量です。メダカは容器内に発生している微生物を好きなときに食べるので、あまりお腹が減りません。最初にごくわずかの量を与えてみて、メダカがあまり食べないようであれば、エサを与える必要はないでしょう。

メダカの天敵

どんな生き物がメダカをねらう?

屋外飼育下では、メダカをねらう生き物が数多く存在します。大切なメダカを守るため、天敵対策をしっかりと行ないましょう。とくに注意したいのは、トンボの幼虫・ヤゴです。

● 気をつけたいメダカの天敵

ヤゴ

トンボの幼虫・ヤゴは成長すると、幼魚のみならず、親サイズのメダカをも捕食するようになる。見つけ次第、駆除しよう。

小動物

ネコは、動いているメダカに興味を引かれ、脚でメダカを捕まえようとすることがある。また、地域によってはアライグマがやってきて、メダカを食べてしまうこともある。もしこのような小動物が頻繁に出入りするようであれば、ネットやアミを使って飼育容器を覆うとよい。

▶▶ メダカの最大の天敵・ヤゴ

　室内とは異なり、屋外では様々な生き物がメダカをねらってやってきます。もっとも恐ろしいのはヤゴです。主に夏から秋にかけて、トンボは飼育容器に産卵します。水中でフ化したヤゴは赤虫などを食べて少しずつ成長し、やがてメダカの稚魚や成魚までをも捕食するようになるのです。気がついたら全滅していたという話もよく耳にします。ヤゴを見つけたら、一度飼育容器の大掃除を行ないましょう。

　その他、セキレイやサギなどの鳥類、アライグマなどもメダカを虎視眈々とねらっています。もし何度も現われるようであれば、飼育容器にアミをのせるなどの対策をしましょう。

鳥

カワセミやセキレイ、サギ類など、メダカを食べる鳥は数多く存在する。頻繁にやってくるようであれば、飼育容器にネットを張るか、アミを置くなどの対策をするとよい。

ヒドラ

枯葉や枯枝、水草などに付着したヒドラという水中生物が飼育容器内で繁殖し、稚魚を食べてしまうことがある。体長は1センチメートルほどで非常に発見しづらいが、もし見つけた場合は飼育容器の大掃除を行なう。

5章

メダカを繁殖させよう

メダカの飼育に慣れてきたら、
繁殖を楽しんでみてはいかがでしょうか？
愛着あるメダカに子どもが生まれると、喜びはひとしおです。
5章ではメダカの繁殖方法について解説します。

Q. どんな姿をしたメダカがいるの？
A. 現在は品種改良が進み、様々な姿、形をしたメダカと出会うことができます ➡126・128・130ページ

Q. 繁殖にあたって何を用意すればいい？
A. 小型容器や産卵床などを用意しましょう ➡138ページ

Q. メダカはどうやって繁殖活動をする？
A. まずはオスがメスに求愛ダンスをするところからはじまります ➡140ページ

Q. 卵のなかでどうやって成長する？
A. 産卵後、卵のなかで細胞分裂を繰り返し、3日ほどすると卵のなかに頭や目などを見ることができます ➡142ページ

Q. 産卵床は何を用意すればいい？
A. 水草を使う他、スポンジなどを使ってオリジナルの産卵床をつくってもよいでしょう ➡144ページ

Q. 卵を産みつけづらい品種の場合はどうすればいい？
A. 人工的に卵を採取するのもひとつの方法です ➡146ページ

Q. フ化率の上げ方、稚魚の上手な育て方は？
A. フ化用・稚魚用の水槽を用意し、水温や日当たりなどの管理をしっかりと行ないましょう ➡148・150ページ

Q. メダカの数が増えないのはどうして？
A. 親は健康体か、オスとメスの相性はいいのかなどをいま一度確認しましょう ➡152ページ

Q. どうすれば自分好みのメダカを増やせる？
A. 遺伝のしくみを知り、どんな形や色をしたメダカを増やしたいのか、イメージを固めましょう ➡154ページ

メダカの体型

自然界では出会えないメダカ

現在、メダカの世界では品種改良が進み、自然界では見ることができない様々なタイプのメダカが生み出されています。数あるメダカのなかから、お気に入りの1匹を見つけましょう。

▶▶ いろいろなタイプのメダカ

メダカというと、田んぼや小川などで泳いでいる野生のニホンメダカ（クロメダカ）をまず思い浮かべることでしょう。現在は野生のメダカから品種改良が進み、様々な体型をしたメダカと出会うことができます。

たとえば「ヒカリ体型」。これは、尾ビレがひし形で、背ビレと尻ビレが同じ形をしているという特徴があります。本来、腹部に見られる光沢が背中にも見られることから、「ヒカリ」と呼ばれるようになりました。

また、胴がつまったメダカもいます。普通のメダカよりも背骨の数が少なく、体長も半分ほどしかありません。まるでダルマのような形をしていることから、「ダルマメダカ」という名がつけられました。

● 様々なタイプがあるメダカの目

普通目

もっとも一般的な目。

パンダ目

目の白い部分が黒く縁どられている。

出目

両眼が上向き、または横向きに張り出している。

アルビノ目

毛細血管が透け、瞳孔が赤く見える。

●バリエーション豊富なメダカの体型と特徴

普通種体型

川で泳ぐ野生のメダカに見られるような、一般的なメダカの体型。

ヒカリ体型

もともと腹部にあった光沢が背中に見られることから、その名がつけられた。背ビレと尻ビレが同じ形をしている。また、2枚でひとつの尾ビレを形成しており、ひし形状になっているのも大きな特徴。

- 背ビレと尻ビレが同じ形
- 尻ビレ
- 尾ビレがひし形

ダルマ体型

普通種よりも背骨の数が少なく、胴がつまった体型をしている。背骨の数が少ない分、泳ぐのがあまりうまくない。

胴がつまっており、丸みを帯びている

メダカの体色

突然変異で生まれたカラフルなメダカ

体型と同じく、現在は様々な体色をしたメダカが存在しています。クロメダカの突然変異から誕生したカラフルなメダカ。黄色、茶色、青色、白色……自分好みのメダカを見つけてください。

▶▶ 4つの色素を持っているクロメダカ

　黒みがかった茶色をしている野性のクロメダカは、黒色、白色、黄色、虹色という4つの色素を持っています。これらの色素の状態のちがいにより、様々な色をしたメダカが誕生します。たとえば、淡いオレンジ色をしたヒメダカは、クロメダカが突然変異を起こし、黒色の色素をうまくつくれなくなったために誕生した品種です。すでに江戸時代には、ヒメダカが飼育されていたといいます。またシロメダカは、黒色と黄色の色素をうまくつくることができないために全身が真っ白となっています。

　このように、クロメダカの突然変異から誕生した様々な色を持つメダカを、愛好家たちは大切に育て、品種として固定してきました。そのおかげで、現在私たちは、様々な色を持つメダカと触れ合うことができるのです。

●メダカが持っている色素

黒色　白色　黄色　虹色

●メダカのカラーバリエーション

黒色

クロメダカ。黒色の色素の他、黄色、白色、虹色の色素をつくり出せるため、黒みがかった黄色い体色をしている。

白色

シロメダカ。メダカが持つ4つの色素のうち、黒色と黄色の色素をほとんどつくることができないため、白色の体色をしている。

黄色

ヒメダカ。メダカが持つ4つの色素のうち、黒色の色素をほとんどつくれないために黄色の色味が強くなっている。

青色

アオメダカ。シロメダカと同じく、黒色と黄色の色素をほとんどつくることができない。ただし、シロメダカよりも若干色素が濃いため、青く見える。

5章 メダカを繁殖させよう

メダカカタログ

どんなメダカがいるの?

品種改良が繰り返されてきた結果、じつに多くの種類のメダカと出会うことができます。ここでは、数あるメダカのなかでも人気の高いメダカを紹介します。

楊貴妃メダカ

特徴 まるで金魚のようなオレンジ色がポイントです。世界三大美女のひとり・楊貴妃のような美しい姿に魅了されます。

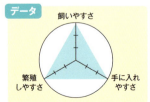

データ
飼いやすさ
繁殖しやすさ
手に入れやすさ

楊貴妃ヒカリメダカ

特徴 楊貴妃メダカのヒカリ体型タイプ。背中の輝きが、楊貴妃メダカの美しさをより際立たせています。

楊貴妃ダルマメダカ

特徴 楊貴妃メダカのダルマ体型タイプ。ダルマ体型特有のころんとした姿がとても愛らしく、人気の高い品種のひとつです。

幹之メダカ

特徴 背中に現われる輝きが最大の特徴。ガラス水槽で横から見るよりも、スイレン鉢などで上から見るほうがより美しさを堪能できるでしょう。

データ 飼いやすさ／繁殖しやすさ／手に入れやすさ

幹之ヒカリメダカ

特徴 幹之メダカのヒカリタイプ。背中だけでなく、ヒレにも輝きを見ることができます。

データ 飼いやすさ／繁殖しやすさ／手に入れやすさ

幹之ダルマメダカ

特徴 幹之メダカのダルマ体型。上からだけでなく、横からながめても楽しい1匹です。

データ：飼いやすさ／手に入れやすさ／繁殖しやすさ

幹之体内光(たいないこう)メダカ

特徴 体内光は、体内から光を発するタイプ。幹之特有の背中の光に加え、体内から発せられる光がとても神秘的です。

データ：飼いやすさ／手に入れやすさ／繁殖しやすさ

クロメダカ

特徴 日本原産の野生のメダカ。品種改良されたメダカはすべてこのメダカがもととなっています。

データ

ヒメダカ

特徴 クロメダカのなかから突然変異で現われた品種です。美しい黄色の体色がポイント。手に入りやすく、飼いやすいメダカです。

データ

シロメダカ

データ 飼いやすさ / 繁殖しやすさ / 手に入れやすさ

特徴 黒色と黄色の色素をうまくつくれないため、全身が真っ白になります。人気が高い割にあまり市場には出回らないため、やや高価な品種です。

アオメダカ

データ 飼いやすさ / 繁殖しやすさ / 手に入れやすさ

特徴 黒色と黄色の色素をうまくつくれないメダカですが、シロメダカよりも色素が濃いため、青白く見えるのが特徴です。

パンダメダカ

特徴 目の縁が黒く、まるでパンダのようであることからその名がつけられました。

透明鱗メダカ

特徴 色素が薄いため、鱗が透明です。また、エラが透けているため、目の後ろが赤くなっています。

ブチメダカ

特徴 体についているまだらな模様が特徴です。成長すると、ブチ模様が現われるようになります。

データ／飼いやすさ・手に入れやすさ・繁殖しやすさ

アルビノメダカ

特徴 黒色と黄色の色素を持たず、全身が白く透き通っているのが特徴です。目が赤いのは、血管の色が透けて見えるためです。

データ／飼いやすさ・手に入れやすさ・繁殖しやすさ

5章 メダカを繁殖させよう

繁殖の準備
何を用意しておけばいい?

メダカを飼育する楽しみのひとつに、繁殖があります。愛着のあるメダカから稚魚が生まれると、喜びもひとしおです。メダカの飼育に慣れてきたら、ぜひ繁殖にチャレンジしてみましょう。

▶▶ メダカの繁殖に必要なもの

　自然環境下では、メダカは春から夏にかけて繁殖期を迎えます。メダカは繁殖力が強いため、健康であれば毎日10～30個ほどの卵を産みます。水槽内に産卵床を入れておけば、いつのまにかそこに卵が産みつけられているはずです。

　メダカが卵をうまく産まないときは、次の2点を意識してください。

　ひとつ目は、健康なメダカを選ぶこ とです。メダカの健康状態がよくなければ、卵をあまり産まなかったり、生まれた稚魚が成長しなかったりと繁殖はうまくいきません。

　2つ目は、メスを少し多めに入れることです。メスは気に入ったオスと繁殖行動をとるという特徴があります。オスとメスの割合を1対2ほどにしておけば、メスがオスを受け入れる確率は高くなるでしょう。

● 繁殖にあたってのポイント

メスを多めに入れる
オス1匹に対して、メス1～2匹の割合がベスト。ただし、ダルマメダカのように受精率が低い（メスが産んだ卵にうまく精子をかけることができない）改良品種のメダカの場合は、オスを多めに入れるとよい。

健康なメダカを選ぶ
メダカの状態がよくなければ繁殖はうまくいかない。動きが活発で、体にツヤがある健康なメダカを選ぼう。

● 用意するもの

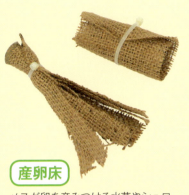

産卵床
メスが卵を産みつける水草やシュロなどの産卵床が必要。産卵床については 144 ページで詳しく解説。

フ化用の水槽
メスが卵を産んだら、親メダカが卵を食べてしまわないよう、産卵床ごと別の水槽に移す。フ化用の水槽については 148 ページで詳しく解説。

照明器具
屋内で繁殖させたいときは、照明器具が必須。

ヒーター
1 年中繁殖させたいときは、ヒーターで水温を調節するとよい。

5 章 メダカを繁殖させよう

 フ化用の水槽を用意しよう

　確実に卵をフ化させ、稚魚を誕生させたいときは、現在飼っている水槽とは別に、フ化用の水槽を用意しましょう。メダカは口に入るものであれば何でも食べてしまいます。それは、卵や生まれたばかりの稚魚でも例外ではありません。もしフ化用の水槽を置くスペースがない場合は、水槽内に仕切りをつくり、そこで成魚と卵を分けるのもひとつの方法です。

[産卵の流れ]

求愛ダンスからはじまる繁殖行動

自然下では春から夏にかけてメダカは繁殖期を迎えますが、いったいどのように産卵しているのでしょうか。メダカの繁殖行動の流れを見ていきましょう。

▶▶ 水温と日照時間が大切

　メダカの繁殖行動は、早朝に行なわれます。まず見られるのは、オスの求愛ダンスです。それをメスが受け入れると、2匹は並んで泳ぐようになります。やがてオスは背ビレと尻ビレでメスの体を包み込み、体を振動させます。すると、それに刺激を受けたメスが産卵するので、オスはその卵に精子をかけます。受精後、メスは卵をお腹につけたまま泳ぎますが、その日のうちにすべての卵を水草などの産卵床にこすりつけます。これが、繁殖行動の一連の流れです。

　メダカの繁殖で大切なのは、水温と日照時間です。水温は20〜25度、日照時間が12時間以上あれば、毎日メダカが産卵する様子を見ることができるはずです。

●メダカの産卵と必要条件

産卵時期　5月頃〜9月頃

産卵時間帯　午前4時頃〜午前8時頃

必要日照時間　1日12時間以上

最適水温　20〜25度

産卵数　1回に10〜30粒ほど

●産卵の流れ

1 オスが求愛行動をする

産卵期、オスはメスの前でヒレを大きく広げたり、下からメスの腹部に触れたりといった求愛行動をする。

2 オスとメスが並んで泳ぐ

オスの求愛行動を受け入れたメスは、オスと並んで泳ぐ。

3 オスがメスをヒレで抱える

オスが背ビレと尾ビレでメスの体を押さえる。

4 産卵する

メスが産卵するのと同時に、オスが放精する。

●産卵からフ化までの日数

| フ化までの日数 | ＝ | 250 | ÷ | 水温（℃） |

たとえば…

水温が**25**度の場合 → 250 ÷ 25 ＝ 10日 かかる

水温が**20**度の場合 → 250 ÷ 20 ＝ 12.5日 かかる

5章 メダカを繁殖させよう

フ化までの流れ
卵のなかでどうやって成長する？

メダカが卵を産んでから稚魚がフ化するまで、大体10日～2週間ほどかかります。その間、メダカの卵がどのように成長して稚魚となるのか、その流れを解説していきます。

▶▶ 少しずつ形成されていく体

産卵後、メスの体から離れて産卵床に付着した受精卵は細胞分裂を繰り返し、半日もすると胚盤を形成します。胚盤は、メダカの体のもととなる細胞のことです。

3日が経過すると、頭や目、動きはじめた心臓を確認することができます。メダカの体のほとんどができあがるのは大体1週間後。卵のなかで、ぐるぐると回る姿を見ることもできます。

水温によってフ化までの日数は異なりますが、25度の水温であれば、産卵から10日後にフ化します。口から出した酵素で卵の膜を少しずつ溶かしていき、水槽内に出ていきます。毎日こまめに観察していれば、きっと稚魚誕生の瞬間を目にすることができるでしょう。

ココに注意！　無精卵・死卵はフ化しない

当たり前ですが、無精卵や死卵はいつまで待ってもフ化することはありません。受精卵とのちがいは一目瞭然なので、もし無精卵や死卵を見つけたときは、すぐに取り除きましょう。そのまま置いておくと、腐ってしまい、水質の悪化につながります。

受精卵

卵が透き通っている。数日経過すると、卵のなかにメダカの体の一部を見ることができる。

無精卵

受精卵が透明なのに対して、無精卵は白くにごっている。

死卵

メチレンブルー溶液につけると青く染まる。死卵に水カビが繁殖し、そこから他の卵に感染することがある。

●産卵後からフ化までの流れ

産卵直後

卵のなかで細胞分裂が起こる。

産卵3日目

徐々に体の組織が形づくられていく。

産卵5日目

卵のなかに目を見ることができる。

産卵8日目

だいぶ体が形成されてくる。

産卵10日目

フ化直前の状態。この頃からフ化し始める。

フ化

フ化するときは卵の膜を破り、尻尾から出てくる。

産卵床の種類

オリジナルの産卵床をつくろう

もっとも一般的な産卵床は水草ですが、それ以外にも様々な素材のものを使うことができます。いろいろと試してみて、自分の飼育法に合ったものを選びましょう。

▶▶ 卵がからみつく素材を選ぼう

メダカは、産んだ卵を水草に産みつけます。屋外であればホテイアオイ、室内であればウィローモスが定番の産卵床です。

しかし、産卵床は水草でなければならないというわけではありません。卵の周りに生えている毛が引っかかりやすい素材であれば、何でも使うことができます。たとえばスポンジ、これを長方形に細く切り、タコの脚状になるように上部をくくりつければ、あっという間に産卵床へと早変わりです。その他、アクリル製の毛糸をたばねたものにも、メダカは卵をたくさん産みつけます。

このように、産卵床はこの素材でなければだめというものはないので、家庭にあるものを再利用してオリジナルの産卵床をつくってみてはいかがでしょうか。

● 卵を産みつけられた水草

水草にからみつく卵
メダカの卵には纏絡糸（てんらくし）という糸が生えている。この糸が水草などの産卵床に絡みつき、下に落ちないようになっている。

●水草以外でよく使われている産卵床

スポンジ
スポンジに切れ込みを入れ、上部をたばねる。

毛糸
アクリル製の毛糸をたばねて上部をくくる。

レース
レースを丸めて、上部でしばる。

麻布
麻布に切れ込みを入れ、上部をしばる。麻布を筒状にして使ってもよい。

Q&A 卵が見つからない……どうしたらいい?

水槽内で卵を見つけることができないという質問をよく受けますが、繁殖シーズンになるとメダカは毎日卵を産むので、気がついていない可能性が大です。もしくは、卵を確認する前に他のメダカに食べられてしまったのでしょう。メダカは早朝に産卵します。どうしても卵が見つからない場合は、午前中のうちに産卵床を確認してみてください。

メダカの繁殖行動

卵を産みつけにくい品種と対策

ダルマメダカやアルビノメダカのように、なかには卵をうまく産みつけることができないメダカがいます。そんなときは、卵を人工的に採取するのもひとつの方法です。

▶▶ 人工的に卵を採取する方法

　普通のメダカよりも背骨の数が少ないダルマメダカは、繁殖活動をうまく行なうことができません。その独特の体型が災いして、メスが産んだ卵に精子を上手にかけることができないのです。どうしても受精卵よりも無精卵のほうが多くなりがちです。また、せっかく受精しても、産卵床に卵をうまく産みつけることができません。視力が低いアルビノメダカも同様です。

　このようなメダカの場合は、人工的に卵を採取すれば、より効率よくフ化させることが可能です。

　まず受精卵が付着しているメスをアミなどですくい、手のひらの上にのせます。次につまようじなどを使ってそっと卵を採取し、メチレンブルー水溶液を入れた小型容器に入れます。あとは、フ化までしっかりと管理するだけです。

● 卵を産みつけにくい品種

ダルマメダカ
泳ぎが下手で繁殖行動をうまく行なえない。無精卵の確率が高い。

アルビノメダカ
視力が低く、うまく泳ぐことができないので、産卵床に卵を上手に産みつけることができない。

●人工的に卵を採取する方法

1 卵を産んだメスを静かにすくう

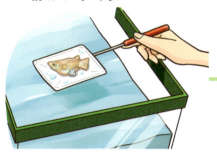

お腹に卵がついているメスを見かけたら、アミを使ってそっとすくう。

2 手のひらの上にのせる

すくったメダカを手のひらにのせる。

3 卵をとる

つまようじを使い、メスのお腹から卵をとる。卵は硬く丈夫なので、多少のことではつぶれない。

4 卵を容器に入れてフ化させる

カルキを抜いた水を入れた小型容器に卵を入れる。最適温度を保ち、フ化するまで慎重に世話をする。

Q&A 別の品種同士でも交配できる?

　可能です。いわゆる雑種です。たとえばクロメダカとヒメダカを一緒に飼ったとき、両親のどちらかにそっくりなメダカ、両親の色合いが混ざったようなメダカなどが誕生します。いったいどのような子メダカが誕生するのか。それを想像するのも、繁殖の楽しさのひとつです。

　生まれた子メダカは、最後まで責任をもって飼いましょう。

フ化のポイント
フ化率を上げるにはどうしたらいい？

繁殖期、メダカは毎日産卵しますが、ときには卵がまったくない、稚魚がうまく誕生しないこともあるでしょう。そんな場合は、受精卵を別の水槽に移して管理することをおすすめします。

▶▶ フ化用水槽を用意する

　ひとつの水槽内で親魚と受精卵、稚魚の管理を行なおうとすると、あまりうまくいかないことがあります。なかには自分が産んだ卵や稚魚を食べてしまうメダカもいるからです。

　受精卵を確実にフ化させたい場合は、飼育用の水槽とは別に、フ化用の水槽を用意しましょう。それほど大きなものでなくても大丈夫です。

　フ化用水槽に最低限必要なものは、水です。なるべく余計なものは入れません。フ化用水槽の準備ができたら、受精卵がついた産卵床を水槽から移し替えましょう。あとはフ化までしっかりと管理するだけですが、このとき、屋外では風通しと日当たりがよいところにフ化用水槽を置く、室内ではエアーレーションを行ない卵が酸欠に陥らないようにすると、フ化率が上がります。ぜひ試してみてください。

卵からフ化したばかりの稚魚。卵をしっかりと管理すれば、春から夏にかけて、毎日この瞬間に立ち会うことができる。

●フ化用水槽のレイアウトのポイント

水温を20度以上に保つ
水温計を使い、水温を20度以上に保つことでフ化率を上げることができる。

風通し・日当たりがよい場所に置く（屋外の場合）
水中内の酸素が足りなくならないよう、風通しがよい場所に置く。また、フ化には日照時間も大切なので、日中、日の当たる場所に置く。

弱いエアーレーションをかける（室内の場合）
卵が酸欠にならないよう、弱いエアーレーションをかけて酸素を送り込むと、フ化率が上がる。

底砂は敷かない
稚魚の体は小さく、底砂の間にはさまってしまう可能性がある。最低限の水草以外は何も水槽内にはいれない。

5章 メダカを繁殖させよう

Q&A 卵をたくさんとるにはどうすればいい？

もし卵をたくさんとりたい場合は、頻繁に産卵床をとり替えましょう。そうすれば、自然と大量の卵を手に入れることができるはずです。もしこれ以上メダカを増やしたくないときは、オスとメスを別の水槽に分けましょう。

繁殖期、メダカの卵が産卵床についていたら、それを水槽から取り出す。

→

新しい産卵床を水槽に入れる。繁殖期になるとメダカは毎日卵を産むため、こうすることで多くの卵を簡単にとることができる。

稚魚の育成

稚魚を上手に育てるにはどうしたらいい?

生まれたばかりの稚魚は、全長わずか3ミリメートルほど。口に入るものであれば何でも食べてしまうメダカにとって、稚魚もエサになりかねません。稚魚を育てる基本は、親メダカとは別の水槽で管理することです。

▶▶ 稚魚の育て方

稚魚は、生まれて3日ほどするとエサを食べるようになります。稚魚の小さな口でも食べることができるよう、細かくすりつぶしたエサを与えましょう。

ただし一度で食べられる量は少ないため、複数回に分けてこまめに与えます。

やがて半月ほど経過すると、同じ集団のなかでも徐々に成長差が出てきます。大きな稚魚は小さな稚魚をいじめることがあるので、大きさごとに容器を分けることをおすすめします。こうすることで、稚魚の生存率が大きく上がります。

体長が1センチメートルほどになったら、親と同じ水槽に戻しても大丈夫です。ただし、水槽の大きさに対してメダカの数が増えすぎないよう、気をつけましょう。

● 稚魚用のエサを用意する

エサを細かくすりつぶす
稚魚の口は小さいので、エサを細かくすりつぶしてから与える。市販されている稚魚用のエサを使用してもよい。

グリーンウォーターを活用
屋外の場合はグリーンウォーターを活用すると便利。自然発生する植物プランクトンは小さいので、稚魚でも食べることができる。

●稚魚の成育ポイント

フ化直後

ポイント
お腹に蓄えている栄養素を消費するため、エサを与える必要はない。

フ化3日目

ポイント
少量のエサをこまめに与える

フ化7日目

ポイント
食欲が旺盛なため、エサをこまめに与える。

フ化10日目

ポイント
エサをこまめに与える。水質をきれいに保つ。

フ化15日目

ポイント
この時期になると、成魚用のエサでも口にすることができるようになる。

フ化1か月後

ポイント
大きく成長した稚魚は小さな稚魚を排除しようとするので、大きな稚魚を別の容器に移す。

こんなときどうする？

メダカが増えない、これってどうして？

いろいろと工夫をしても、あまり卵を産まないなどメダカの繁殖がうまくいかないこともあるでしょう。そんなときは、一度下記のポイントをチェックしてみてください。

▶▶ 繁殖チェックリスト

メダカは生き物なので、必ずしも人間の思い通りに飼育できるわけではありません。メダカを増やしたいと思っていても、まったく増えないこともあるはずです。

そんなときは、一度飼育環境を見直しましょう。

「そもそも親メダカは健康体か」「オスとメスの相性はいいか」「日照時間は最適か」「産まれた卵は透明か」「稚魚は大きくなっているか」「水槽内にメダカを入れすぎていないか」などです。

メダカが増えないということは、必ず何かしらの原因が存在します。それを取り除くことができれば、きっとメダカの繁殖はうまくいくはずです。メダカの繁殖ライフを楽しみましょう。

親は健康体？

健康で元気なメスであれば、元気な稚魚が産まれる。

オスとメスの相性はいい？

メスがオスを避けていないか、よく観察しよう。

③ 日照時間は最適？

産卵には1日12〜13時間ほどの日照時間が不可欠。

④ 卵は透明？

白くにごった無精卵からは稚魚は産まれない。早めに取り除こう。

⑤ 稚魚は大きくなっている？

稚魚が餓死しないよう、適切な量のエサを与えよう。

⑥ メダカを入れすぎていない？

容器にメダカを入れすぎると、大きく成長しない。

5章　メダカを繁殖させよう

遺伝の法則

自分好みのメダカを増やそう

ただやみくもに繁殖するのではなく、遺伝のしくみを知れば自分好みのメダカを繁殖させることができます。繁殖に慣れたら、ぜひチャレンジしてみましょう。

▶▶ 理想のメダカを繁殖しよう

　遺伝とは、親の形質が子に受け継がれていくことです。

　このしくみを世界ではじめて明らかにしたのは、オーストリアの修道士・メンデルです。彼によって、遺伝現象の法則性と、遺伝物質が親の形質を子孫に伝えるということが判明したのです。

　この遺伝物質には、優性と劣性があります。遺伝子の優劣を示しているわけではなく、性質が表に現われる遺伝子を優性、現われない遺伝子を劣性と

いいます（図参照）。

　あなたが父親、母親と姿が似ているように、メダカも親の姿を受け継ぎます。つまり、親メダカからどんな子どもが産まれるのかを推測することができるのです。

　どんな形や色をしたメダカを増やしたいのか、まずはイメージを固めましょう。そして自分の理想に近い親メダカを選んでください。そうすれば、きっと思い描いたメダカが誕生するはずです。

●メンデルの遺伝の法則

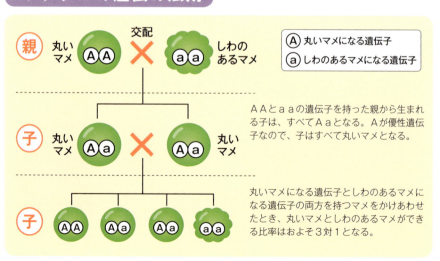

●メダカの遺伝（一例）

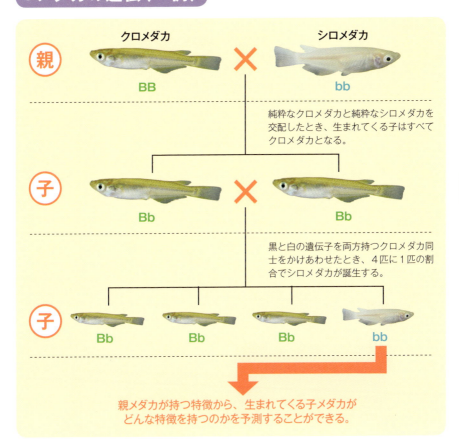

どんな特徴を持ったメダカを誕生させたいのかを考えながら繁殖を楽しもう。

メダカを飼うときに知りたい 用語辞典

アカムシ：
オオユスリカやアカムシユスリカなどの幼虫。栄養価が高く、エサとして利用される。

亜硝酸塩：
バクテリアがアンモニアを分解するときに発生する有毒物質。アンモニアより毒性は薄いが、検出されないのが望ましい。

アルビノメダカ：
生まれつきメラニン色素がなく、全身が白く透き通っているメダカ。目が赤く見えるという特徴がある。

アンモニア：
糞や尿に含まれる有毒物質。水槽内で増えすぎると、魚が呼吸困難に陥る。

生餌；
生きた状態のエサのこと。

イトミミズ：
ミミズの一種。栄養価が高く、エサとして利用される。

エアーストーン：
エアーポンプの先につけて使用する。細かい空気の泡をつくる。

エアーチューブ：
エアーポンプとエアーストーンを接続するホース。

エアーポンプ：
水槽内に空気を送り込む飼育器具。

エアーレーション：
エアーポンプで水槽内に空気を送り込むこと。

エロモナス病：
メダカの体表に赤く出血班が出る。伝染病。

塩水浴：
病気のメダカを塩水に入れ、治療すること。濃度に注意。

塩素：
水道水が供給される過程で消毒のために使われる薬剤。メダカにとっては有毒。

塩素中和剤：
水道水に含まれる塩素（カルキ）を中和する薬剤。

尾ぐされ病：
尾ビレや体表が腐ったり、溶けたりする。死亡率が高い伝染病。

アオメダカ：
黒色と黄色の色素が少なく、体が青みがかって見える。

オリジアス・ラティペス：
メダカの学名。オリジアスは、稲の学名「オリザ（Oryza）」に由来する。

カダヤシ：
メダカによく似た北アメリカ原産の外来種の魚。特定外来生物に指定されており、まちがって飼育すると違法となるので注意。

カルキ抜き：
水道水に含まれている塩素を中和、除去すること。

グリーンウォーター：
植物プランクトンが繁殖して緑色となった水のこと。青水ともいう。

クロメダカ：
野生のメダカ。

硬水：
ミネラル分を多く含む水のこと。

コケ：
飼育容器に付着する植物の一種。

酸欠：
水に溶け込んでいる酸素が不足すること。

酸素：
生物が生きるために必要な気体。

産卵：
メスが卵を産むこと。

産卵床：
メダカが産卵した卵を産みつけるもの。

シロメダカ：
黒色と黄色の色素をほとんどつくれないために白い体色をしている。

絶滅危惧種：
絶滅の危険性が高い生物のこと。メダカは1999年に絶滅危惧Ⅱ類に指定された。

底砂：
水槽の底に敷く砂や砂利のこと。

淡水魚：
河川や湖沼などに棲む魚。

稚魚：
生まれたてから生後1週間ほどの状態。

出目メダカ：
目が出っ張っているメダカ。

突然変異：
ある生物の種類のなかで突然異なった形質のものが出現し、それが遺伝していく現象。

軟水：
ミネラル分をあまり含まない水のこと。

二酸化炭素：
生物が呼吸して排出する気体。水草が光合成をするときに使う。

バクテリア：
細菌のこと。水を浄化するものと病気を引き起こすものがいる。

白点病：
メダカの体に白い斑点が現われる伝染病。放っておくと、水槽内のメダカが全滅することがある。

繁殖：
生物の個体が生まれて増えること。もしくは人為的に生物の個体を増やすこと。

パンダメダカ：
目の周りが黒く、パンダのようであることから名づけられたメダカ。

ヒーター：
水槽内の水温を調節する器具。

ビオトープ：
野生の生き物が生息できる環境条件を備える場所のこと。近年は、生物が生きられる環境を再現した空間という意味合いで用いられることが多い。

ヒカリメダカ：
背中が銀色に光輝くメダカ。背ビレと尻ビレが同じ形で、尾ビレがひし形をしている。

ヒドラ：
水中を棲み処とする体長1～1・5センチメートルほどの動物。メダカの稚魚を食べる。

ヒメダカ：
クロメダカの突然変異種。黒い色素が少ないため、黄色い体色をしている。

品種改良：
もともとの品種が持っている特徴を人為的に選択、交雑して、新しい品種をつくり出すこと。

フィルター：
水槽内の水質を維持する器具。

フ化：
卵から稚魚が誕生すること。

プランクトン：
自分の力では泳がす、水中に浮かんで生活する極めて小さい生物のこと。分類学上、光合成をして自力で栄養をつくる植物プランクトン、他の生物を捕食して栄養をとる動物プランクトンに大別される。

ボウフラ：
蚊の幼虫。

捕食：
エサを捕らえて食べること。

ミジンコ：
体長1・2～2・5ミリメートルほどで、卵のような丸い形をした動物プランクトン。日本全国に分布する。

水合わせ：
メダカを水槽の水に慣らす作業。

水換え：
水槽内の水を一定量入れ替え、水質の安定を図る作業。

幹之メダカ：
背中の一部が光って見えるメダカ。

無精卵：
受精していない卵のこと。透明な有精卵とは異なり、白くにごっている。

薬浴：
薬剤を溶かした水溶液に病気のメダカを入れ、治療すること。

ヤゴ：
トンボの幼虫。メダカを食べる。

有精卵：
受精した卵のこと。無色透明。

楊貴妃メダカ：
赤みが強いメダカ。

幼魚：
稚魚より成育が進んだ状態。

リセット：
水槽の大掃除のこと。水槽内の水をすべて捨て、器具や底砂などを洗う。

ろ過：
水を浄化すること。

ろ材（ろ過材）：
フィルター内に入れて使う。水質をきれいにする。

綿かむり病：
メダカの体に白い綿のようなものがつく。別名、水カビ病。症状が重いと、死んでしまう可能性がある。

pH：
水素イオン濃度を表わす指数のこと。0から14までの数値で表わされ、0から6・9は酸性、7は中性、7・1から14はアルカリ性であることを示す。メダカにとってベストは中性だが、下はpH6・0、上はpH7・5くらいまでなら健康でいられる。

主な参考文献

『メダカと日本人』岩松鷹司（青弓社）

『手に取るようにわかるメダカの飼い方』森文俊（ピーシーズ）

『メダカの飼い方と増やし方がわかる本』青木崇浩監修（日東書院本社）

『日本のメダカの飼育12か月―月ごとの上手な育て方と増やし方』松沢陽士（学研パブリッシング）

『メダカのすべて　メダカの飼い方・ふやし方』月刊アクアライフ編集部（エムピー・ジェー）

『ニホンメダカの飼育と繁殖』大場幸雄（エムピー・ジェー）

『日本のメダカを飼おう！―育て方とふやし方』片根得光（誠文堂新光社）

『メダカ飼育ノート メダカの生態から飼育、繁殖まで』佐々木浩之（誠文堂新光社）

『メダカの救急箱100問100答』小林道信（誠文堂新光社）

『はじめての熱帯魚＆水草の育て方』勝田正志監修（成美堂出版）

『はじめての熱帯魚＆水草パーフェクトBOOK』小林圭介監修（ナツメ社）

あとがき

　私がメダカを飼育していて一番幸せに感じる瞬間は、エサをあげているときです。メダカがエサを食べている姿は、いつまでたっても見飽きないものです。
　飼育においては失敗もたくさんしてきましたが、メダカたちが教えてくれることもたくさんあり、いまに至ります。
　また、メダカを通じて季節を肌で感じられる幸せを知り、その楽しみを広げる活動も積極的に行なってきました。
　本書では、そういった経験をもとにして、押さえておけば大丈夫という基本的な飼育法を解説しています。
　失敗しないメダカの飼育法を知ってもらいたい、少しでも長くメダカとの生活を楽しんでもらいたい──本書が編まれた背景には、そうした思いが込められています。
　本書を参考にしていただき、ぜひメダカと楽しく暮らす幸せを知っていただきたい。監修者として、そう心より願っております。

監修者プロフィール

馬場浩司（ばば　こうじ）

1976年生まれ。日本メダカ協会の理事を4期にわたり歴任。現在も日本メダカ協会主催の全国品評会で審査員を務める。また、メダカ愛好家団体・観賞メダカ愛好会の発起人の一人で、年2回の展示会をはじめとした多岐にわたる活動により観賞用メダカの普及に努める。2013年には観賞用メダカ販売店「めだか夢や」を開業。多くのメダカ愛好家の支持を受けている。

写真：栗原平、amanaimages、アフロ、PIXTA、Fotolia、フォトライブラリー
イラスト：山寺わかな
本文デザイン・DTP：sheets-design
編集協力：株式会社ロム・インターナショナル
編集担当：原　智宏（ナツメ出版企画）

本書に関するお問い合わせは、書名・発行日・該当ページを明記の上、下記のいずれかの方法にてお送りください。電話でのお問い合わせはお受けしておりません。

・ナツメ社webサイトの問い合わせフォーム
　https://www.natsume.co.jp/contact
・FAX（03-3291-1305）
・郵送（下記、ナツメ出版企画株式会社宛て）

なお、回答までに日にちをいただく場合があります。正誤のお問い合わせ以外の書籍内容に関する解説・個別の相談は行っておりません。あらかじめご了承ください。

ナツメ社Webサイト
https://www.natsume.co.jp
書籍の最新情報（正誤情報を含む）はナツメ社Webサイトをご覧ください。

メダカ生活はじめませんか？

2016年7月1日初版発行
2021年7月1日第15刷発行

監修者	馬場浩司（ばばこうじ）	©2016
発行者	田村正隆	
発行所	株式会社ナツメ社	
	東京都千代田区神田神保町1-52　ナツメ社ビル1F（〒101-0051）	
	電話　03（3291）1257（代表）　FAX　03（3291）5761	
	振替　00130-1-58661	
制　作	ナツメ出版企画株式会社	
	東京都千代田区神田神保町1-52　ナツメ社ビル3F（〒101-0051）	
	電話　03（3295）3921（代表）	
印刷所	ラン印刷社	

ISBN978-4-8163-6062-6　　　　　　　　　　　　　　　　　Printed in Japan

〈定価はカバーに表示しています〉
〈落丁・乱丁本はお取り替えします〉

水換えのやり方

屋外ではどのように水換えをする？

屋外飼育の場合も、食べ残しのエサや糞などで水は汚れていきます。季節によって頻度は異なりますが、定期的に水換えを行ないましょう。やり方は室内飼育のときと同じです。

▶▶ 水の半分を新しいものに換える

まず、水換えを行なう前にカルキを抜いた水道水を用意します。

次に、飼育容器の半分ほどの水を抜きとります。このとき、水抜き用のポンプがあると便利です。柄杓やバケツなどを使って水を抜くときは、メダカを逃がさないよう気をつけながら行ないましょう。

また、飼育容器内にゴミがあれば、一緒に取り除きます。

水を抜いたら、カルキを抜いた水道水を足します。メダカを刺激しないよう、じょうろなどを使って優しく注ぎます。

なお、屋外の場合は室内よりも蒸発する水の量が多いため、飼育容器内が干上がらないよう、定期的に足し水をしましょう。

● 定期的に水を足す

水は蒸発する
何もしなくても、水は少しずつ蒸発する。夏はとくに蒸発量が多く、水が減りやすいので、定期的に水を足す。

静かに水を足す
飼育容器内で泳いでいるメダカに刺激を与えないよう、水を足すときはそっと行なおう。

12月の管理

いよいよ冬到来です。早朝は氷点下まで気温が下がることがありますが、日中は10度を超える日もあります。水温をチェックし、12度を上回る日があれば、少しだけエサを与えましょう。もしメダカがエサを食べなければ、以降、冬眠から覚めるまでエサを与える必要はありません。

また、メダカには落ち葉や水草の下などの物陰に隠れて冬眠するという習性があります。もし飼育容器内にそのような場所がなければ、適度に落ち葉を入れておきましょう。

この時期は、メダカはほとんど動かなくなります。メダカが冬眠状態に入ったら、何もせずにそっとしておきましょう。もちろん水換えも行ないません。なるべく刺激を与えないようにします。

水温が下がり、メダカは冬眠の準備をしはじめる。

4章 メダカの飼い方【屋外編】

管理のポイント

 エサやり
- 水温が12度を上回る日は、1日1回、ごく少量のエサを与える。
- エサを食べる様子が見られなければ、それ以降はエサを与えないようにする。

 水換え
- 水換えはしない。

 作業
- 冬眠用の落ち葉などを飼育容器に入れる。